Die großen Strategien für den Mittelstand

Prof. Dr. Arnold Weissman (1955 geboren) übernahm im Alter von 21 Jahren den elterlichen Betrieb in Hof. Das Handelsunternehmen setzte in den folgenden Jahren bis zu 30 Millionen Euro jährlich um und beschäftigte rund 50 Mitarbeiter. Weissman verkaufte das erfolgreiche Unternehmen 1989. Seit 1987 ist er Professor für Betriebswirtschaft an der FH Regensburg. Er ist Inhaber des Beratungsunternehmens Weissman & Cie. Mehr Information hierzu finden Sie unter: www.weissman.de

Arnold Weissman

Die großen Strategien für den Mittelstand

Die erfolgreichsten Unternehmer verraten ihre Rezepte

Campus Verlag
Frankfurt/New York

Bibliografische Information der Deutschen Bibliothek.
Die Deutsche Bibliothek verzeichnet diese Publikation in der Deutschen Nationalbibliografie. Detaillierte bibliografische Daten sind im Internet überhttp://dnb.ddb.de abrufbar.
ISBN 13: 978-3-593-37952-4
ISBN 10: 3-593-37952-X

Umschlaggestaltung: Guido Klütsch, Köln
Druck und Bindung: Druckhaus »Thomas Müntzer«, Bad Langensalza
Gedruckt auf säurefreiem und chlorfrei gebleichtem Papier.
Printed in Germany

Besuchen Sie uns im Internet: www.campus.de

Inhalt

Einleitung

Für dieses Buch habe ich erfolgreiche Mittelstandsunternehmen angeschaut und diese analysiert. Dabei wurden überraschende Parallelen deutlich. Zahlreiche Fallbeispiele aus der Praxis zeigen strategische Grundprinzipien auf. Themen sind hierbei beispielsweise die Unternehmensvision, die Umfeldanalyse und die Eigensituationsanalyse.

Wer die Geschichte dieses Buches verstehen will, muss meine eigene Geschichte kennen. Als ich vor circa 30 Jahren vor die schwierige Aufgabe gestellt wurde, die Firma meiner Eltern (es ging um den Handel mit Mineralien und Brennelementen über den Heizungsbau bis hin zum Textil-Einzel- und -Großhandel – ich nenne dies heute im Rückblick liebevoll einen mittelständischen Gemischtwarenkonzern) zu übernehmen, hatte ich bis dahin nur die schönen Seiten des Lebens kennen gelernt. Doch das Leben schreibt seine eigene Geschichte, und so hatte ich durch den krankheitsbedingten Ausfall meines Vaters plötzlich Probleme zu lösen, von denen ich vorher gar nicht wusste, dass sie existieren. Und das bekommt man zu meinem Erstaunen weder an der betriebswirtschaftlichen noch an der juristischen Fakultät einer Universität beigebracht.

So verfügte ich zu diesem Zeitpunkt zwar bereits über viel Wissen, aber wenig unternehmerisches Können, und die Praxis lehrte mich sehr schnell, den Unterschied zwischen Kaufmann und Diplomkaufmann zu verstehen. Im Nachhinein betrachtet habe ich damals wohl keinen wesentlichen Fehler ausgelassen, und mir ist es bis heute ein Rätsel, wie das Unternehmen all das überlebt hat.

Seit dieser Zeit hatte ich nun mehr als genug Gelegenheit, als Unternehmer und Berater Erfahrungen zu sammeln, die ich mit diesem Buch weitergeben möchte. Dabei geht es mir nicht um Fragen des Tagesgeschäftes, mit denen sich mittelständische Unternehmer oft genug herumplagen müssen.

Mir geht es um die strategischen Fragen, um Kernfragen, die sich in dieser Form vielleicht nur einmal im Leben stellen.

Gerade im Bereich der Strategie haben mittelständische Unternehmen häufig das größte Defizit. Dabei sind Konzerne meist nicht besser geführt als der klassische Mittelstand, der unser Land nicht nur ökonomisch, sondern auch gesellschaftspolitisch entscheidend trägt. Auch Großunternehmen machen erhebliche strategische Fehler, jedoch mit einem wesentlichen Unterschied: Sie haben mehr finanzielle Substanz, um diese Fehler zu korrigieren. Für ein mittelständisches Unternehmen sind hingegen strategische Fehleinschätzungen meist gleichbedeutend mit seinem Ende.

Bei dieser Arbeit bin ich von den vielen guten und weniger guten Unternehmen ausgegangen, die mir im Laufe meiner langen Beratungstätigkeit begegnet sind und von denen ich lernen durfte. Reinhold Messner hat einmal gesagt: »Ich habe in meinem Leben viel erreicht, aber wahrscheinlich habe ich aus Rückschlägen und gescheiterten Expeditionen am meisten gelernt.« In Analogie zur Beratungspraxis mit Unternehmen sehe ich die Situation ähnlich: Im Nachhinein betrachtet kann man wahrscheinlich sogar mehr von den schlechten Unternehmen lernen.

Am stärksten geprägt hat mich jedoch die Erkenntnis, dass es in (fast) jeder Marktsituation Unternehmen gibt, die aus dem allgemeinen Trott ausbrechen und ihre eigene faszinierende Unternehmensgeschichte schreiben. Wir haben heute in Deutschland mehr als 800 Weltmarktführer, die allerdings der breiten Öffentlichkeit nie bekannt werden. Erfolgsgeschichten wie die von *Yahoo* und *Google, Hennes&Mauritz, Ikea, Dell, Zara, Aldi, Swatch*, *Ryan Air* sind in aller Munde und werden rund um den Globus in Seminaren und Case-Studies als Musterbeispiele für ungewöhnliche, sehr erfolgreiche Unternehmen präsentiert. Doch wer kennt die mittelständischen Unternehmen wie *Poly-clip*, ein herausragendes Maschinenbauunternehmen und Weltmarktführer aus Frankfurt am Main? Oder die Maschinenfabrik *Baader* aus Hamburg, die der weltweiten Fischfilettierung ihren Stempel aufdrückt und unangefochten den Weltmarkt beherrscht? Kennen Sie die Firma *Truma* aus München, die mit ihren Systemen für den Wohnwagen- und Campingbereich den Markt in Europa fast im Alleingang erobert hat? Und was ist mit *Flexi*, einem phantastischen Unternehmen aus Bargteheide, das Weltmarktführer für Hundehalsbänder ist? *Fressnapf* aus Krefeld hat uns gezeigt, in welch kurzer Zeit es möglich ist, im Handel mit Heimtierbedarf bestehende Strukturen aufzubrechen. In knapp 15 Jahren wurde aus einem Laden in Erkelenz ein Imperium geschaffen, das heute in Europa diesen Markt beherrscht und bereits zu den erfolgreichsten Unternehmen der Branche weltweit zählt.

Was *Fielmann* im Optik-Bereich gelungen ist, *Sixt* in der Autovermietung und *Betapharm* als Generika-Unternehmen, sind Unternehmensbeispiele, die Mut machen sollen. »Von den Besten profitieren« heißt das Motto meines Partners Peter May, dem Gründer der *Intes-Unternehmer-Beratung*. Und genau das ist auch das Ziel dieses Buches. Es werden Konzepte und Ideen präsentiert, die Lust und Mut machen sollen, mit dem eigenen Unternehmen eine Erfolgsgeschichte zu schreiben. Dabei geht es nicht um »kopieren«, sondern um »kapieren«, das Verstehen ungewöhnlicher Erfolgsmodelle und die kreative Übertragung auf das eigene Unternehmen.

Natürlich können Sie die Ideen von *Haribo* nicht eins zu eins übernehmen, wenn Sie ein Anbieter für Softwarelösungen für Steuerberater (wie die *Datev*) sind. Doch auf der strategischen Ebene sind sich die meisten Unternehmen unterschiedlichster Branchen sehr ähnlich. Und so haben wir es immer wieder auch bei unseren Unternehmerforen erlebt, dass sich Unternehmer wie Bert Bleicher, Chef des Unternehmens *Hoffmann Werkzeuge* aus München, Johann Weber, Vorstandsvorsitzender der Firma *Zollner* aus Zandt, einem weltweit bedeutenden Unternehmen der Elektronikbranche, Peter Walter von *Betapharm* aus Augsburg und Volkmar Wywiol von der *Stern-Wywiol-Gruppe* aus Hamburg bei ihrer ersten Begegnung nicht nur auf Anhieb gut verstanden haben, sie konnten auch sofort voneinander lernen und profitieren. Und genau das ist das Ziel. Die Parallelen zwischen erfolgreichen Unternehmen sind oft verblüffend, so unterschiedlich die einzelnen Geschäftskonzepte und Strategien auch sein mögen.

Das ist das Ziel dieses Buches und auch der Reihe der darauf folgenden Titel: Es sollen theoretisch fundierte, empirisch überprüfbare, ganzheitliche Lösungsansätze vermittelt werden, die Sie für die Praxis umsetzen können. Erfahrungen vieler Unternehmer – Ihnen allen sei an dieser Stelle Dank gesagt – sind hier eingeflossen. Dabei geht es um die Vermittlung von praxisrelevantem Wissen, nicht um allgemeingültige Patentrezepte oder Managementmodelle, wie sie mit hoher Konjunktur in immer kürzer werdenden Zyklen von der Beraterzunft angeboten werden.

Mir geht es mit diesem Buch nicht darum, zu wissenschaftlichen Ehren zu kommen – mein Anliegen ist es, Unternehmern einen fundierten Ansatz und konkrete Handlungsempfehlungen für die Entwicklung und Steuerung ihres Unternehmens zu bieten. Vielleicht kann dieses Buch Sie auf Ihrem Weg zu Ihrem Unternehmens-Erfolgsmodell begleiten. Darüber wäre ich jedenfalls sehr stolz.

Mit herzlichen Grüßen,

Arnold Weissman

Nürnberg, im Januar 2006

Kapitel 1

Erfolgsprinzipien einer Strategie

In diesem Kapitel werden folgende Themen behandelt:

- Die Natur als Lehrmeister
- Der kybernetische Verlauf von Unternehmenserfolgen
- Das Prinzip des positiven Denkens
- Konzentration auf das Einfache
- Das Prinzip der Differenzierung

Die Natur als Lehrmeister

Jedes Jahr werden Hunderte und Tausende von Büchern über Erfolg, insbesondere über Unternehmenserfolg verfasst. Dabei werden so viele Definitionen verwendet, dass es völlig müßig wäre, sie auch nur annähernd hier darzustellen. Im Kern sind sich aber die meisten Autoren einig, dass Erfolg in irgendeiner Form etwas mit Zielerreichung zu tun hat. Hardy Wagner hat dies einmal wie folgt zusammengefasst:

»Erfolg ist Art und Grad der Zielerreichung.«

Betrachtet man die Frage nach Erfolg in der Natur, stellt sich die Situation ein bisschen differenzierter, vielleicht aber auch einfacher dar. Zunächst einmal gibt es hier nur ein einziges Ziel: Es heißt Überleben. Wenn uns nun die Evolution seit Milliarden Jahren zeigt, wie Überleben funktioniert, so wäre es doch geradezu vermessen, die Prinzipien und Systeme, die uns die Natur liefert, nicht auch für das Führen von sozialen Organisationen zu verwenden. Wenn Sie mit mir diesen Weg gehen wollen, dann möchte ich Sie bitten, Ihr Bild von Ihrem Unternehmen als einer Maschine zugunsten der Vorstellung aufzugeben, dass Ihr Unternehmen ein Organismus ist und ein

Energiesystem darstellt. Systemisches Denken hat den großen Vorteil, in ganzheitlichen, vernetzten Zusammenhängen zu denken und mit einer Lösung in der Regel gleich mehrere Probleme auf einmal angehen zu können.

Der Unterschied zwischen gewusst und bewusst.

Gewusst haben wir alle in unserem Leben schon viel. Erst wenn uns die Dinge aber bewusst sind, werden wir danach leben. Worum es mir also geht, ist zu zeigen, wie vernetztes Denken und Handeln in der Wirtschaft für das einzelne Unternehmen, aber auch für die gesamte Gesellschaft von Nutzen sein können.

Volkmar Wywiol, geschäftsführender Gesellschafter der *Stern-Wywiol-Gruppe,* unterstreicht dies: »Ein Unternehmen ist ein lebendiger Organismus. Im Werden und Vergehen ist die Natur unser Vorbild. Aus einem winzigen Samenkorn erwächst ein zartes Pflänzchen, ein buschiger Strauch, ein kräftiger Baum. Doch Voraussetzung für gutes Gedeihen sind Wasser, Licht, Wärme, ein intaktes Umfeld. Genauso verhält es sich mit einem Unternehmen. Entscheidend für die erfolgreiche Entwicklung ist die Nutzung der naturgegebenen Quellen des Menschen, der sich in einer Firma frei entfalten können muss. Ein guter Gärtner pflegt, wässert, düngt und begleitet. Er beobachtet und schöpft aus der Natur Ideen und Gestaltungskraft.«

Bevor ich auf die einzelnen Prinzipien der Natur eingehe, eine Vorbemerkung: Universalprinzipien haben die Eigenschaft, allgemein gültig zu sein. Wenn Sie also bei meinen nachfolgenden Ausführungen einem Prinzip zustimmen, dann können Sie dies nicht lediglich für einen Teilbereich tun. Dieses Prinzip gilt dann für alle Bereiche. Das sollten wir bei den nachfolgenden Überlegungen nie vergessen!

Das Prinzip Darwins

In einem bemerkenswerten Artikel (1859) zeigte uns Charles Darwin seine Überlegungen zu einem neuen Weltbild auf. Sie gipfelten in folgender Kernaussage:

»Survival of the fittest.«

Das Unglück bei solchen Aussagen ist, dass sie oft und falsch übersetzt werden. Zu viele haben »survival of the fittest« gleichgesetzt mit: »Es überlebt in der Natur der Stärkere«, und gar manche Fusion und viele Zusammenschlüsse sind wahrscheinlich auf die Überlegung zurückzuführen, das nur der Stärkere überleben wird. »To fit« heißt aber anpassen, einfügen. Die Aussage von Darwin war daher, dass in der Natur dasjenige System am besten überlebt, das die höchste Fähigkeit hat, sich an immer schneller verändernde Rahmenbedingungen anzupassen. Je besser das »fitting« zwischen Umfeld und Ist-Situation ist, umso besser ist das Unternehmen an seine Rahmenbedingungen angepasst und umso höher wird der Erfolg sein. Mit anderen Worten:

Je stärker sich die Rahmenbedingungen verändern, umso stärker muss sich auch das Unternehmen verändern.

Dass sich Unternehmen wandeln müssen, um überlebensfähig zu bleiben, ist keine neue Erkenntnis. Das Besondere unserer Zeit ist, in welcher Dimension sich dieser Wandel beschleunigt hat.

Das Prinzip der Kybernetik

Die Kybernetik ist eine der tragenden Säulen der Evolution. Abgeleitet vom griechischem Wort »kyberne« und »technicos« (Steuermannskunst) ist die Kybernetik die Lehre von den sich selbst steuernden Regelkreisen. Jede Pflanze, jedes Baby, die DNS – alles funktioniert nach diesem Muster. Die Metapher hierfür ist die Spirale, die je nach Verlauf Schwungrad oder Teufelskreis (Circulus vitiosus) für ein Unternehmen sein kann. Was aber nun sind die Prinzipien, die kybernetisch den Unternehmenserfolg »treiben«?

Wolfgang Mewes hat in der EKS-Lehre (EKS steht für energo-kybernetische Strategie) den Grundstein für diese Überlegungen gelegt. Er hat die Analogie aufgebaut, dass Unternehmen (soziale Systeme), ebenso wie Pflanzen, kybernetisch reagieren und agieren.

Betrachtet man den Erfolg eines Unternehmens, den wir als Art und Grad der Zielerreichung definiert haben, so wissen wir bereits, dass die optimale Anpassung an sich verändernde Rahmenbedingungen eine der wesentlichen Ursachen für nachhaltigen Erfolg ist. Lassen Sie mich im Folgenden einige Kernpunkte zum kybernetischen Verlauf von Unternehmenserfolg aufzeigen:

Das Prinzip des positiven Denkens oder: Jeder Mangel ist eine Chance

Nachdem wir wissen, dass wir alle unsere subjektiven Wirklichkeiten konstruieren und selbst erschaffen (und zum Schluss auch daran glauben), geht es beim positiven Denken zunächst einmal um die Art, die Dinge zu betrachten.

Die Dinge sind nicht, wie sie sind, sondern wie wir sie sehen!

Im Erfolgsfall positiv zu denken wird sicherlich jeder können. Viel wichtiger ist dieses positive Denken jedoch dann, wenn wir Probleme haben, vielleicht sogar eine Niederlage erlitten haben. So galt schon im alten Japan das Sprichwort:

Wer hinfällt, steht nicht mit leeren Händen wieder auf.

Man kann diesen Zusammenhang kaum deutlicher ausdrücken als in dem Satz:

Jeder Mangel ist eine Chance!

In jedem Problem könnte die größte Chance Ihres Lebens verborgen sein. Die meisten von uns versuchen, die Ist-Situation, die oft mit Problemen und Leid gepaart ist, zu bekämpfen, statt die Chance in dieser Situation zu erkennen. Wenn nun aber, als Universalprinzip, jedes Problem systemimmanent eine Chance ist, so ist es doch die zwingende Aufgabenstellung für jedes Unternehmen, sich auf die konzentrierte Suche nach wichtigen Problemen im Markt (vor allem nach zukünftigen!) zu begeben.

Konzentration: Konzentration bedeutet auf Deutsch so viel wie »sich auf einen Punkt sammeln«.

In der Konzentration ist der durchschnittlich Begabte
dem unkonzentrierten Genie überlegen.

Konzentration meint unter anderem, alles Unwesentliche wegzulassen. Es gibt keinen einfacheren Weg, den Unternehmenserfolg zu unterstützen, als nicht-wertschöpfende Aktivitäten (Prozesse, Kunden, Sitzungen, Werbeetats et cetera) einfach wegzulassen und sich dadurch nachhaltig zu konzentrieren.

In stagnierenden Märkten führen austauschbare Leistungen
zwingend zu einer negativen Rendite.

Wenn irgendetwas den Erfolg eines Unternehmens entscheidend beeinflusst, so ist es mit Sicherheit sein Grad an Unterschiedlichkeit, seine Differenzierung. Die Natur schafft alle Wesen als Unikate, viel zu viele Unternehmen sind heute Kopien. Wenn im Rating heute die Bestnote für hervorragende finanzielle Bonität mit AAA bewertet wird, so gehen wir hier noch ein Stückchen darüber hinaus und vergeben an dieser Stelle AAAA:

Anders Als Alle Anderen

In der Natur wie im Management gilt: Je unterschiedlicher die Leistungen sind, umso größer die Harmonie und der Wohlstand. Je ähnlicher die Leistungen sind, umso brutaler der Kampf.

Sichtbare Kompetenz: Wir verwenden das Wort »Kompetenz« als deutsches Wort und deswegen machen wir uns oft über die Bedeutung keine Gedanken. Kompetenz bedeutet so viel wie Zuständigkeit, Fähigkeit, es hat etwas mit Vertrauen zu tun. Ohne sichtbare Kompetenz sind auch Spitzenleistungen im Markt oft nicht platzierbar. Verbinden wir diese drei Aussagen miteinander, so lassen sie sich in folgender Spirale abbilden:

Abbildung 1: Die Erfolgsspirale (in Anlehnung an: *Weissman, A., 1995, Marketing-Strategie, 10 Stufen zum Erfolg*)

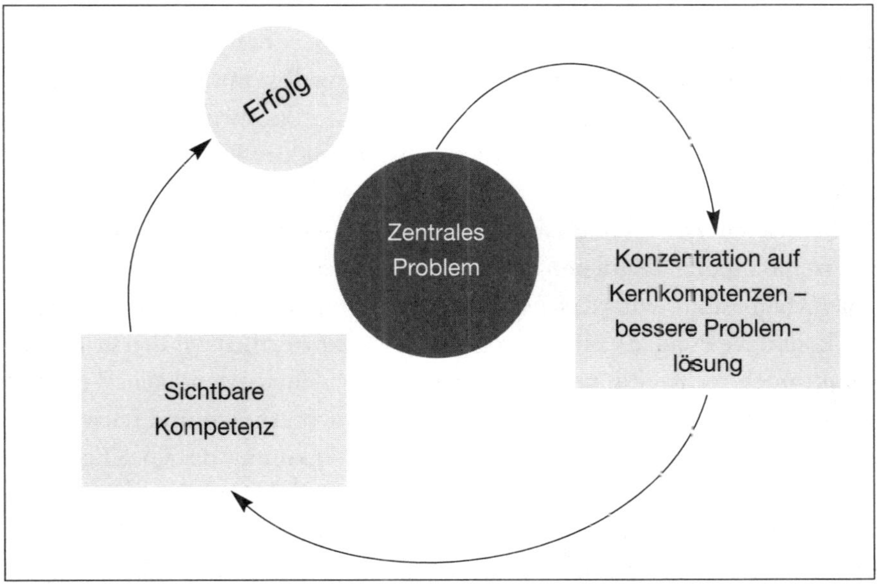

In der Interpretation der Kybernetik als der Lehre von den sich selbst steuernden Organisationen und Organismen würde dieser Satz für Unternehmen folgendermaßen lauten:

Wer zentrale Marktprobleme sichtbar besser löst als andere, der löst einen kybernetischen Kreislauf aus, mit dem er seinen Erfolg nicht verhindern kann.

Fehlt nur einer dieser drei zentralen Faktoren, so wird aus dem kybernetischen Schwungrad ein Circulus vitiosus, ein Teufelskreis.

Das Prinzip des Minimumfaktors

Die Erkenntnis des Minimumfaktors ist in seinem Ursprung Justus von Liebig, dem berühmten Naturwissenschaftler und Nobelpreisträger, zuzuschreiben. Als Begründer der organischen Chemie erkannte er, dass eine Pflanze zum Wachsen ein optimales Maß an verschiedenen Wirkstoffen braucht. Seine Erkenntnis lautet:

»Ein natürliches System wird in seinem Wachstum immer von seinem Minimumfaktor her gesteuert.«

Hat die Pflanze alle Wirkstoffe (zum Beispiel Magnesium, Kalium, Stickstoff und Sauerstoff), so wird sie ihr Wachstum selbst optimal organisieren. Der Gärtner hat nichts anderes zu tun, als dafür zu sorgen, dass die Rahmenbedingungen für die Wachstumsentwicklung der Pflanze optimal sind und bleiben.

In unserem Denkmodell sind Unternehmer und Führungskräfte Gärtner, Winzer, Biologen. Wenn nun der Pflanze einer der Wirkstoffe fehlt, zum Beispiel Magnesium, wird das Wachstum suboptimal sein, die Blätter werden welk, und die Pflanze vielleicht sogar eingehen. Erreichen wir den kritischen Punkt noch rechtzeitig und geben der Pflanze den notwendigen Wirkstoff (zum Beispiel durch Kunstdünger), wird sie sich erholen und entwickeln. Geben wir diesen Wirkstoff immer weiter zu, so kommt das Gleichgewicht wieder aus der Balance und die Entwicklung wird disfunktional, negativ.

In der Natur gilt immer: Nur die Dosis macht den Unterschied, ob es ein elementarer Wirkstoff, ein Heilmittel oder ein Gift ist. Diese Erkenntnis gilt auch für Unternehmen. Wir müssen immer wieder neu definieren, wo die Minimumfaktoren sind, ob wir mehr in Controlling, mehr in Marketing, mehr in Mitarbeiterentwicklung oder auch in die Kundenbeziehung investieren müssen.

Suchen Sie nicht nur nach den externen Minimumfaktoren, also den zentralen ungelösten Problemen Ihrer Kunden, sondern suchen Sie immer auch nach den internen Minimumfaktoren, denn diese sind es, die das Wachstum Ihres Organismus am stärksten beeinflussen.

Keine Wirkung ohne Ursache

Es kann keine Wirkung ohne Ursache geben. Oft bleiben uns zwar die Zusammenhänge zwischen den Phänomenen verborgen, dies bedeutet aber nicht, dass es keine gibt. Wenn Sie der Aussage folgen, dass es in unserer Welt keine Wirkung ohne Ursache geben kann, dann ist der Erfolg (aber auch der Misserfolg) von Unternehmen zwingend von Ursachen bestimmt. Dass diese Ursachen auch das Vernachlässigen oder Weglassen von Aktionen sein können, versteht sich von selbst. In Verbindung mit der Aussage, dass man ein Problem nie auf der Ebene lösen kann, auf der es auftritt (Symptomebene), ist dies eine Verfahrensweise, die vor allem von Politikern bevorzugt missachtet wird. So gilt folgende Kernaussage:

Suchen Sie immer nach den Ursachen der Wirkungen!

Wir neigen dazu, Wirkungen als gegeben anzusehen und zu versuchen, vor allem negative Wirkungen möglichst sofort zu beseitigen. So können wir Kopfschmerzen mit Kopfschmerztabletten, Schlafstörungen mit Beubiburatenz und Potenzstörungen mit Viagra behandeln. All diese Vorgehensweisen sind ausschließlich symptomorientiert und verschlimmern in der Regel das Problem. Eigentlich müssten sie eher in die Kategorie »Anleitung zum Unglücklichsein« aufgenommen werden.

In Unternehmen ist diese Denk- und Verhaltensweise besonders ausgeprägt. Wir operieren lieber an Nebenwirkungen oder Symptomen mit möglichst kurzfristigen Maßnahmen, die immer kurzatmiger werden, als bereit zu sein, an die wirklichen Ursachen unserer Probleme heranzugehen.

Sowohl der Erfolg als auch der Misserfolg haben in der Regel eine lange

Geschichte. Oft liegen zwischen Erfolg und Misserfolg Jahre, ja Jahrzehnte. *Audi* hat über ein Jahrzehnt gebraucht, um aus einer »Blechbüchsenfabrik« einen Weltklasse-Konzern zu schmieden. Die österreichischen Winzer haben den Glykol-Skandal gebraucht, um umzudenken und heute Weltklasse-Weine zu produzieren. *Hennes & Mauritz* wurde 1947 gegründet und auch der Shooting Star am Kaffeehimmel, die *Starbucks-Coffee-Shops Corporation*, existiert bereits seit über 30 Jahren.

Wenn Sie also dauerhaft Erfolg haben wollen, sollten Sie auf jeder Ebene nach den Ursachen der Wirkungen suchen.

Loslassen lernen

Einer der wichtigsten Punkte, der für die Neuentwicklung eines Unternehmens, aber auch für jede Form von lernender Organisation von zentraler Bedeutung ist, ist die Fähigkeit zum Loslassen. Nach dem Motto »Fakten sind besser als Träume« geht es hier darum, durch Loslassen schlicht und ergreifend zu akzeptieren, dass die Dinge sind, wie sie sind. Auch wenn manche Filme uns weismachen wollen, dass durch Zeitmaschinen der Prozess umkehrbar ist, zeigen uns die physikalischen Gesetze, dass die Zeit unumkehrbar ist. Die Vergangenheit ist immer deterministisch, die Zukunft optional.

»Die Zukunft ist der Raum unserer Möglichkeiten,
der Raum unserer Freiheit.« (Karl Jaspers)

So wie einem Alkoholkranken nur geholfen werden kann, wenn er bereit ist, sein Problem als Krankheit zu akzeptieren, so gilt dies im Unternehmen. In jeder Lage ist die Akzeptanz des Bestehenden die zwingende Voraussetzung für Entwicklung. Viele Probleme verlieren ihren Schrecken, wenn sie ausgesprochen und auf den Tisch gelegt werden. Aus diesen Gründen arbeite ich in meinen Beratungen oft (obwohl ich ein sehr positiv denkender Mensch bin) mit Worst-Case-Szenarien. In der Regel treffen sie nicht ein, oft zeigt sich aber, dass selbst das schlechteste Szenario nicht so dramatisch wäre, dass man nicht trotzdem noch eine Lösung finden könnte. Loslassen bedeutet aber auch, Fehler zu korrigieren und Modelle zu verändern, die ihre Tauglichkeit verloren haben.

Unser Modell der sozialen Absicherung war in einer Zeit von hohen volkswirtschaftlichen Wachstumsraten, Vollbeschäftigung und einem niedrigen Durchschnittsalter der Bevölkerung optimal. Zu Zeiten von Stagnation, hoher Arbeitslosigkeit und demographischer Alterung wird es uns jedoch erdrücken.

Das EKKAN-Prinzip

Dieses Prinzip mit dem eigentümlichen Namen muss erläutert werden. Die Buchstaben stehen für folgende Aussagen:

- Einfach
- Konzentriert
- Konsequent
- Ausdauernd
- Nützlich

Einfach oder *Keep it strictly simple:* Wir leben in einer Welt, die außerordentlich komplex ist. Die eigentliche Ursache für das tiefe Unbehagen, das viele Führungskräfte heute haben, ist mit Sicherheit die ungeheure Komplexität unserer Wissensgesellschaft. Zu Beginn des 21. Jahrhunderts sind wir von komplexen Systemen umgeben, die zunehmend fast jeden Aspekt unseres Lebens durchdringen: Globale Handels- und Übertragungssysteme, eine sofortige weltweite Kommunikation über immer feinere elektronische Netzwerke, automatisierte Fabriken und so weiter.

Natürlich sind diese komplexen Systeme außerordentlich bemerkenswert und raffiniert. Jedoch haben sie ein wirtschaftliches und organisatorisches Umfeld geschaffen, das mit den alten Managementtheorien und Praktiken nicht mehr zu bewältigen ist.

Wenn nun komplexe Außenwelt mit komplexer Innenwelt zusammenkommt, ist in der Regel das Chaos vorprogrammiert. Kluge Unternehmer und Führungskräfte sorgen deswegen dafür, dass ihre internen Strukturen so einfach und übersichtlich wie möglich bleiben.

»Man soll die Dinge so einfach wie möglich machen, aber nicht einfacher.« (Albert Einstein)

Einfach bedeutet sicherlich nicht trivial, sondern bedeutet übersichtlich, transparent, klar oder anders ausgedrückt:

Einfacher ist genialer!

Die Erfolgsgeschichte des Aldi-Discounters und der finanzielle Aufstieg der Albrecht-Brüder zeigen uns, wie viel Potenzial in der Lehre von der Einfachheit steckt.

Konzentriert: Wir haben uns ja schon mit dem Prinzip der Konzentration beschäftigt. Wenn Sie der Regel »spitz statt breit« folgen, so sollten Sie die Konzentration auf die Spitze treiben. In letzter Konsequenz sollten Sie sich auf die Dinge konzentrieren, die Sie in Ihrem Markt besser können als alle anderen. Das mittelständische Unternehmen *Flexi Bogdahn International* ist der beste Beweis dafür.

»Wir machen nur eines – aber das machen wir spitze!«,

lautet der Grundsatz von Manfred Bogdahn, dem Eigentümer des Weltmarktführers. Viele Unternehmen (leider zu viele) geben sich mit »gut« zufrieden. Gut ist den heutigen Zeiten aber definitiv nicht mehr gut genug, denn wer heute nicht gut ist, scheidet sowieso aus dem Markt aus. Wer heute noch nicht in der Lage ist, Bier zu produzieren, Stoffe zu weben oder Telefonsysteme aufzubauen, hat in seinem jeweiligen Markt nichts verloren.

Die Frage ist nicht, was wir gut können, sondern was wir besser können als alle anderen.

Diese Frage zu stellen ist der größte Hebel, die Grundlage für jede Differenzierung und für alle relativen Wettbewerbsvorteile, die wir brauchen, um unser Unternehmen erfolgreich in die Zukunft zu führen.

Konsequenz: Konsequenz bedeutet, die Aufgaben, die ich beginne, auch zu Ende zu bringen. Viel zu oft beginnen wir Projekte, lassen sie dann schleifen oder beginnen immer wieder aufs Neue, statt sie einmal richtig anzugehen und dann auch konsequent abzuschließen. In all den Jahren meiner Beratungslaufbahn habe ich viele Unternehmer und Führungskräfte kennen gelernt. Die »Level 5«-Manager (dies ist der höchste Grad, den ich mir vorstellen kann, eine Art *schwarzer Dan* im Management) zeichnen sich neben einer oft zu findenden erstaunlichen Bescheidenheit vor allem dadurch aus, dass sie die Dinge, die sie sich vorgenommen haben, mit einer geradezu generalstabsmäßigen Konsequenz auch umsetzen. Einer dieser

»Level 5«-Manager ist Tilman Held, Geschäftsführer der Firma *Frankenwälder*. Sein Grundsatz lautet:

»Wichtige Dinge nur halb zu tun ist wertlos, denn meistens ist es die andere Hälfte, die zählt.«

Konsequente Unternehmer kündigen den richtigen Leuten, trennen sich von den falschen Produkten, reduzieren Aktivitäten in den falschen Märkten und tun das, was sie tun, sowohl in positiver als auch in negativer Hinsicht konsequent: Sie richten ihre Energien auf einen Punkt aus und tun damit etwas, was die ganze Natur uns vorgibt – sie sparen Energien.

Ausdauernd: Wir Menschen haben einen genetischen Defekt: Wir überschätzen, was kurzfristig möglich ist, und wir unterschätzen, was langfristig möglich ist. Die meisten Menschen sind deswegen nicht erfolgreich, weil sie zu früh aufgeben. So wie in der Regel eine Diät nicht funktioniert, weil sie einen positiven Kurzfristeffekt, langfristig aber wahrscheinlich sogar negative Wirkungen hat (der berüchtigte Jo-Jo-Effekt), so gilt dies für Unternehmenskuren (durch Managementmodelle), die kurzfristige Kicks bringen (und die Berater dann in ihrer Wirksamkeit bestätigen!), langfristig aber eher das Gegenteil bewirken.

Nützlich: Gustav Grossmann, der Begründer der Arbeitsmethodik, hat immer betont, dass nur der, der Nutzen bietet, auch Nutzen ernten kann.

Gib und dir wird gegeben.

Im Leben geht es darum, einen wesentlichen Beitrag zu leisten, etwas zu bewirken. Wenn uns dieser Zusammenhang, der auch »Win-Win-Beziehung« genannt werden könnte, bewusst ist, wenn uns also klar ist, dass nichts erfolgreicher macht, als andere erfolgreich zu machen, so muss uns klar werden, dass wir nur langfristigen Wert für unser Unternehmen generieren können, wenn wir mit unserem Handeln und Tun einen echten Beitrag für andere leisten. Es geht darum, den Mitarbeitern und dem Unternehmensumfeld zu verdeutlichen, was der Welt fehlen würde, wenn dieses Unternehmen (wenn Ihr Unternehmen!) nicht existieren würde.

Der Grad des Beitrages wird der wesentliche Hebel dafür sein, nachhaltigen, dauerhaften Erfolg zu erzielen.

Be different or die

»Be different or die« klingt martialisch, trotzdem entspricht es der Situation in der Natur. Das Überleben dort wird von der Fähigkeit zur Nahrungsaufnahme bestimmt. Deswegen würden in der Natur niemals zwei Arten, die sich auf die gleiche Art ernähren, im selben Raum vorkommen.

Der russische Mathematiker Gause zeigte folgendes Experiment: Gibt man in ein Reagenzglas zwei Einzeller, die unterschiedlich in ihrer Struktur sind, und gibt diesen zu fressen, so beginnen die beiden, ihre Nahrungsmöglichkeiten zu teilen. Vollzieht man nun das gleiche Experiment mit Einzellern (also den einfachsten Wesen!), die identisch in ihrer Struktur sind, so ist die Folge verheerend: Sie beginnen nicht zu fressen und zu teilen, sondern zu kämpfen. Man könnte es wohl so ausdrücken:

Je größer die Differenzierung, desto größer sind die Harmonie und der Wohlstand, je ähnlicher die Struktur, umso brutaler der Verdrängungswettbewerb.

Halten wir noch einmal fest: Auf dieser Erde gibt es über sechs Milliarden Menschen. Jeder von uns ist als Unikat geboren und selbst Menschen, die an Wiedergeburt glauben, werden nicht eitel genug sein, um davon auszugehen, dass sie im nächsten Leben wieder so geboren werden wie heute. So etwas wie sie gibt es nicht, hat es nie gegeben und wird es niemals geben. Wenn also das tragende Prinzip der Natur die Differenzierung ist, wie können wir dann zulassen, in Märkten zu agieren, in denen wir austauschbar sind?

Doch in der Praxis schaut alles ganz anders aus. Die Mehrzahl aller Brauereien, Spediteure, Automobil-Zulieferer, Ärzte, Berater usw. zeichnet sich vor allem durch eines aus: Viele Akteure sind austauschbar. Wer nicht erkennt, dass die Austauschbarkeit der größte Erfolgsverhinderer ist, hat in den zunehmende schwierigen Absatzmärkten keine Chance. Es gibt einen Dreiklang aus Werten, Wissen und Wirken. Jeder von uns hat sein Wertesystem, das für ihn handlungsbestimmend ist. Dazu gehören Werte wie Unabhängigkeit, Eigenverantwortung und Vertrauen. Welchen Teil unseres Wissens wir anwenden, bestimmen unsere Werte. Und daraus entsteht unser Wirken! Jede Persönlichkeit wird bestimmt von ihren Werten, ihrem Wissen und Wirken – dies gilt auch für Unternehmer!

Zusammenfassung

Unternehmen sind keine Maschinen, sondern Organismen – und folgen als solche den Gesetzen und Prinzipien der Natur. Diese sind Universalprinzipien, die niemals nur in einem Teilbereich allein Anwendung finden, sondern das Ganze betreffen. Anpassungs- und Differenzierungsfähigkeit sind die beiden wichtigsten Eigenschaften für das Überleben jedes Organismus. Auch Unternehmen müssen sich wandeln, um erfolgreich zu bleiben. Anders als alle anderen zu sein ist eine überlebenswichtige Schlüsseleigenschaft. Je größer die Differenzierung, umso harmonischer und damit erfolgreicher die Koexistenz im Wettbewerb.

Probleme dürfen nicht krampfhaft vermieden, sondern müssen konzentriert gesucht und angegangen werden. Denn in jedem Mangel liegt auch eine Chance. Statt bloßer Bekämpfung von Symptomen ist die Suche nach Ursachen wichtig. Die Akzeptanz eines Problems ist der erste Schritt zur Lösung.

Das EKKAN-Prinzip bedeutet Komplexität zu vermeiden, sich auf Kernkompetenzen zu konzentrieren, konsequent und langfristig Ziele zu verfolgen und mit der Unternehmung einen echten Nutzwert zu leisten. Eine einfache und effektive Anleitung für nachhaltigen, echten Erfolg.

Kapitel 2

Unternehmensvision und Unternehmenswerte

In diesem Kapitel werden folgende Themen behandelt:

- Notwendigkeit eines Orientierungsrahmens
- Nutzen eines Unternehmens für die Gesellschaft
- Unternehmenskultur als unsichtbare Kraft des Unternehmens
- Werte als Fundament jeder Unternehmensidentität
- Unternehmensleitbilder und Unternehmenskommunikation

Mitarbeiter wollen zu sinnvollen Zielen beitragen, eigenständige Entscheidungen treffen und selbstständig handeln. Das setzt einen Orientierungsrahmen voraus, an dem Handlungen und Entscheidungen ausgerichtet werden können.

Trotz aller Individualität nach innen soll nach außen ein einheitlicher Auftritt gewährleistet werden – und dazu benötigen die Mitarbeiter Orientierung.

Diese Orientierung erhalten sie durch eine gemeinsame Vision. Ähnlich einem Leuchtturm gibt sie dem Unternehmen Zukunft und Richtung. Im Idealfall ist die Vision eine Leitlinie, an der alle Maßnahmen ausgerichtet werden können.

Das Wertesystem bildet das Fundament der persönlichen Unternehmensidentität. Erst wenn alle Mitarbeiter die Werte des Unternehmens kennen und verinnerlicht haben, ist die Basis für ein zielgerichtetes Handeln geschaffen, bei dem alle Mitarbeiter an einem Strang ziehen.

Unternehmensvision und Unternehmenswerte bieten demnach einen klaren Orientierungsrahmen und sind Vorraussetzung für Motivation und Energie im Unternehmen.

Echte und unechte Visionen

Visionen gibt es wie Sand am Meer. Der Satz von Walt Disney

»If you can dream it, you can do it!«

beeinflusste die Formulierung von unzähligen Visionen. Was dabei herauskam, waren unechte Visionen, wie »Wir wollen das führende Autohaus am Ort werden!« oder »Wir wollen der führende Vorsorgeanbieter sein« et cetera. Solche Visionen können unterschiedslos für jede beliebige Tätigkeit in der Welt gelten, sie sorgen jedoch für keinerlei Veränderungen im Unternehmen. Sie werden sich jetzt fragen:

»Echte und falsche Visionen: Wo liegt der Unterschied?«

Der Sinn einer Vision soll darin liegen, Ihre Mitarbeiter zu herausragenden Leistungen zu beflügeln. Echte Visionen sind Vorstellungen von der Zukunft, die Ihre Mitarbeiter mit Stolz erfüllen, die Antriebsmoment sind, um in einem Unternehmen die Erfüllung der beruflichen Wünsche zu suchen, und die mit den persönlichen Visionen der Mitarbeiter in Einklang gebracht werden. Peter M. Senge prägte die Aussage:

»Eine gemeinsame Vision ist nur dann eine Vision, wenn sich viele Menschen ihr wahrhaft verschrieben haben, weil sie ihre eigene ganz persönliche Zielstellung widerspiegelt.«

Es gibt zahllose Beispiele dafür, dass Menschen Bequemlichkeit, Gesellschaft, Nahrung und sogar ihr Leben geopfert haben, weil sie höhere Ziele und Ideale verfolgten. Dafür braucht es Visionen, die nicht in der Massenkonfektion vorkommen, die nicht nur leere Floskeln sind, sondern die Welt, oder zumindest den relevanten Markt, bewegen. Natürlich ist es der Kern einer Vision, darzustellen, in welchem Gebiet das Unternehmen eine führende, herausragende Stellung einnehmen möchte. Doch damit die Träume wahr werden können, braucht es eine Basis, die solche geistigen Höhenflüge überhaupt ermöglicht. Eine Vision ist eine klare Vorstellung von der Zukunft. Sie sollte immer auf einem besonderen Beitrag (am besten für das Gemeinwohl) aufbauen, also mit einer Mission verbunden sein. Solche bahnbrechenden Beiträge könnten sein:

- Ein Computer, der problemlos über Spracherkennung funktioniert,

- ein Medikament, das dem Aidsvirus entgegentritt und das wirklich hilft zu heilen,
- Autos ohne Abgase,
- Banken, die zum Kunden kommen.

Solche Visionen und Missionen sind es wert, in Ziele der Tagesarbeit umgesetzt zu werden. Echte Visionen kommen von Menschen, die sich mit echten Problemen beschäftigen. Sie sind selten das Ergebnis »sorgfältiger Diskussionen«, bei der Formulierungen wieder und wieder in Frage gestellt werden, bis sie in die veröffentlichungsreife Form einer Unternehmensvision oder eines Leitbildes gegossen werden können. Jede reifende Vision muss mindestens vier Voraussetzungen erfüllen:

- Die Mitarbeiter müssen sich mit der Vision identifizieren, damit sie ihre Erfüllungsgehilfen werden.
- Die Vision muss praktikabel sein, das heißt in Einzelziele der Tagesarbeit zerlegt werden können.
- Die Formulierung darf nicht starr und dogmatisch ausfallen, sondern muss eine schrittweise Anpassung an die Realität zulassen.
- Die Vision muss durch die Potenziale und Ressourcen eines Unternehmens gedeckt werden.

Visionen, die zwar Utopien und Träume zulassen, aber nicht praktikabel sind, mögen sich vielleicht für die Öffentlichkeitsarbeit eignen, aber für das Management von Unternehmenspotenzialen sind sie bestimmt untauglich.

Die Zukunft ist der Raum unserer Möglichkeiten, der Raum unserer Freiheit (Karl Jaspers)

In einer Welt, in der sich Rahmenbedingungen unaufhaltsam ändern, ist ein Festhalten an bestehenden Verhaltens- und Erklärungsmustern existenzbedrohend. Aussagen wie »das haben wir schon immer so gemacht« oder »das haben wir noch nie so gemacht« sorgen für ein mehr oder weniger schnelles Ausscheiden aus dem Markt. Darwin hat uns gezeigt, dass nach dem Prinzip »survival of the fittest« nur der überleben kann, der angepasst ist. Nur die geistige Vorwegnahme zukünftiger Konstellationen ermöglicht es uns, die Zukunft mitzugestalten.

Die Vergangenheit ist determiniert, die Zukunft offen!

Bill Gates, Mehrheitsaktionär des Weltmarktführers *Microsoft*, wäre heute niemals einer der reichsten Männer der Welt, hätte er sich nur in den Spuren seiner Vorgänger bewegt. Erst durch die Umsetzung seiner Vision »Information at one fingertip« gelangte er zu seinem heutigen Erfolg.

Eine Vision ist ein attraktives Bild einer möglichen Zukunft.

Wer Marktfaktoren und -gegebenheiten für unverrückbar hält, nimmt sich die Chance zur bewussten Einwirkung und Gestaltung. John Sculley, ehemaliger Topmanager bei *PepsiCo.*, stellte fest:

»Der beste Weg die Zukunft vorauszusagen besteht darin,
sie selbst zu erfinden und zu machen.«

Erfolgreiche Unternehmen wie *Ikea, H&M, Zara, Fressnapf* et cetera nehmen zukünftige Entwicklungen nicht nur geistig vorweg, sondern gestalten sie proaktiv mit, nach dem Motto:

Ich bin der Schöpfer meiner Welt!

Ihr Unternehmen als Lösung von Problemen

Echte Visionen lösen echte Probleme, oder anders ausgedrückt:

Erfolgreiche Unternehmen lösen zentrale Probleme ihrer Kunden
sichtbar besser als andere.

Die Grundlage für nachhaltigen Erfolg ist das Schaffen eines echten Beitrags für den Markt.

Was würde der Welt fehlen,
wenn es Ihr Unternehmen nicht gäbe?

Was tun Sie, was Ihre Mitarbeiter mit Stolz erfüllt? Was differenziert Sie von Ihren Mitbewerbern, welches zentrale Kundenproblem lösen Sie besser als alle anderen? Haben Sie eine tragende Geschäftsidee, die alles andere als normal ist und in Ihrem Markt Aufsehen erregt? Wie wir alle wissen, sorgen austauschbare Leistungen in stagnierenden Märkten zwingend für eine negative Renditeentwicklung. Was Sie also brauchen, ist ein gutes strategisches Konzept, das Sie von der breiten Masse abhebt.

Das *Klinikum St. Marien* in Amberg sieht seinen Nutzen in der Verbindung von Menschlichkeit und Kompetenz. Wilhelm Daller, Vorstand des Klinikums fasst dies in der folgenden Aussage zusammen:

> *»Außerordentliche Menschlichkeit und medizinische Kompetenz sind kein Widerspruch! Sie sind gelebte Wirklichkeit in unserem Hause! Wir umsorgen den kranken Menschen und begeistern uns, für die Genesung und die Heilung seiner Krankheiten einzustehen!«*

Folgenden Nutzen bietet Torsten Toeller mit seinem Fachdiscounter *Fressnapf Tiernahrungs GmbH* und differenziert sich damit nachhaltig von seinen Mitbewerbern.

WIR HABEN ALLES FÜR IHR TIER

Wir haben eine riesige Auswahl an Heimtierprodukten, die bei unseren Kunden keine Wünsche offen lassen.

WIR SIND IMMER IN IHRER NÄHE

Wir suchen die Nähe unserer Kunden, damit sie einfach und bequem bei uns einkaufen können.

WIR SIND PREISAGGRESSIV

Wir geben unseren Kunden die Sicherheit, immer zum günstigsten Preis einzukaufen. Dabei vernachlässigen wir nicht die Qualität der Produkte.

WIR LIEBEN TIERE

Wir leisten einen Beitrag zur artgerechten Haltung von Tieren und engagieren uns im Tierschutz, weil wir von der besonderen Beziehung zwischen Menschen und Tieren überzeugt sind.

WIR GARANTIEREN BESTE LEISTUNG

Wir verstehen die Marke *Fressnapf* als ein Qualitätsversprechen: Bei uns gibt es die beste Leistung zum günstigsten Preis.

WIR STELLEN DEN KUNDEN IN DEN MITTELPUNKT

Wir sehen die Welt mit den Augen unserer Kunden, um ihre Wünsche zu erfüllen und sie zu begeistern. Wir sind freundlich und beraten kompetent.

Welchen Nutzen bietet Ihr Unternehmen? Dienen kommt ja bekanntlich vor dem Verdienen. Da erscheint es doch sinnvoll, wenn Sie zunächst festlegen, welchen Beitrag Sie für die Gesellschaft leisten wollen und können. Wenn Sie sich auf Ihre Unternehmensvision und -konzeption einigen, müssen Sie sich daher am Anfang die Frage stellen: Für wen ist es gut, dass es uns gibt? Worauf wollen wir stolz sein?

Kraftvolle Unternehmensvision

Je klarer man ein Ziel vor Augen hat, umso größer ist die Wahrscheinlichkeit, es auch zu erreichen. Es geht darum, bei Ihren Mitarbeitern die richtige Einstellung und den entsprechenden Glauben zu erzeugen.

Die Zukunft gehört jenen, die an die Kraft ihrer Visionen glauben!

Entwickeln Sie Ihre kraftvolle Unternehmensvision, die Sie und Ihre Mitarbeiter motiviert, im Unternehmen die Erfüllung der beruflichen Wünsche zu suchen. Berater Walter Böckmann erkannte:

»Wer Leistung fordert, muss Sinn bieten!«

Dazu muss die Begeisterung natürlich zuallererst bei Ihnen selbst vorhanden sein. Dadurch wird, wie Volkmar Wywiol von der *Stern-Wywiol-Gruppe* zu berichten weiß, eine äußerst wertsteigernde Kettenreaktion ausgelöst:

»Begeisterung steckt an. Lösen Sie Ihre Aufgaben mit Leidenschaft. Das motiviert Sie und lässt den Funken der Begeisterung auch auf andere überspringen!«

Sinnvolle Tätigkeiten setzen Energien frei und erzeugen Motivation und Tatendrang. Es entstehen materielle Angebote, in deren Zentrum der Kundennutzen und die Suche nach der Lösung zentraler Probleme stehen. Folgende zwei Grundregeln sind bei der Formulierung einer kraftvollen Unternehmensvision zu beachten:

1. Einfachheit: Je einfacher und leichter verständlich Sie Ihre Visionen formulieren, desto einfacher wird es für Ihre Mitarbeiter sein, diese zu verstehen und in konkrete Ziele umzusetzen. Die Unternehmensvision soll von allen Mitarbeitern gleichermaßen nachvollzogen werden können. Vermeiden Sie daher Fremdwörter und Begriffe, die außer Ihnen niemand versteht.

2. Konzentration auf das Wesentliche: Richten Sie Ihre Vision auf die Kernfrage aus: Welchen Beitrag wird das Unternehmen in Zukunft für Kunden und Markt leisten? Was sind Ihre Stärken, Ihre Kernkompetenzen, was macht Ihr Kerngeschäft aus? »Spitz statt breit«, lautet der Grundsatz. Manchmal genügt ein einziger Satz, um die Unternehmensvision auszudrücken. Die kraftvolle Unternehmensvision von *Fressnapf* lautet, kurz und bündig:

»Wir sind der geilste Fachdiscounter der Welt!«

Dies ist ein Beispiel dafür, wie eine Unternehmensvision einfach gehalten wird und sich auf das Wesentliche konzentriert.

Unternehmenskultur und Werte Ihres Unternehmens

Unternehmen brauchen, um nachhaltig erfolgreich zu sein, eine gemeinsame Unternehmenskultur. Darunter versteht man die Summe aller Selbstverständlichkeiten, die in einem Unternehmen vorherrschen:

»Unternehmenskultur ist die Summe aller Selbstverständlichkeiten im Unternehmen!« (Jill Schmelcher)

Diese zeigt sich zum einen in sichtbaren Dingen, wie der Gestaltung der Büros oder der Kleidung der Mitarbeiter. Doch auch der Umgang miteinander, die Kommunikation, Gewohnheiten und vieles mehr sind Ausdruck der Unternehmenskultur.

Unternehmenskultur – die unsichtbare Kraft im Unternehmen.

Die Unternehmenskultur ist die unsichtbare Kraft in Ihrem Unternehmen. Sie ist der Schlüssel für die zukünftige Innovations- und Wettbewerbsfähigkeit. Die Aufgabe liegt darin, diesen Kraftquell zu erkennen, zu fördern und zur Umsetzung Ihrer Unternehmensstrategie zu nutzen. Je ausgeprägter die Kultur eines Unternehmens ist, desto stärker steuert sie aktiv das Verhalten und wird zum Erfolgsfaktor für Strategie, Struktur und Prozesse.

Es kann einige Zeit dauern, bis sich in einem Unternehmen eine starke Unternehmenskultur profiliert hat. Doch gerade aufgrund der langen Entstehungsgeschichte und ihrer verhaltensprägenden Wirkung stellt sie einen langfristigen Wettbewerbsvorteil dar, der von der Konkurrenz nicht leicht nachgeahmt werden kann.

Unternehmenskultur drückt sich in Werten aus!

Werte bilden das Fundament jeder Unternehmensidentität. Jeder Mensch, jede Gruppe, jedes Unternehmen verfügt über ein eigenes Wertesystem. Dieses ist von Unternehmen zu Unternehmen unterschiedlich. Was in einem Gebilde als gut gilt, kann in einem anderen durchaus negativ gewertet werden.

»Werte sind sich in einem konkreten Sozialgebilde herausbildende, von der Mehrheit der zur inneren Umwelt des Sozialgebildes Zählenden akzeptierte und internalisierte Vorstellungen über das Wünschenswerte.«
(Rupert Lay)

Fakt ist, dass ein Wertesystem immer von großer Bedeutung für das Unternehmen ist. Nicht nur der Führungsstil, auch Erfolg oder Misserfolg eines Unternehmens sind auf das bestehende Wertesystem zurückzuführen.

Werte geben einem Unternehmen Wert!

Die richtigen Werte sind die Basis für Wertsteigerung, und damit für den nachhaltigen Unternehmenserfolg. Befindet sich die Unternehmensstrategie mit den geltenden Werten im Einklang, steht ihrer Umsetzung praktisch nichts mehr im Wege.

Natürlich kann eine Orientierung am Unternehmenswert auch zu Konflikten mit dem Wertesystem des Unternehmens führen. Besonders wenn es um seine Überlebensfähigkeit geht, hat der Unternehmenswert, als Indikator für die Überlebensfähigkeit, Vorrang vor emotionalen und kulturellen Werten. Jedoch hat uns die Praxis gezeigt, dass die Pflege von kulturellen Werten wie Menschlichkeit, Vertrauen und Wertschätzung den Unternehmenswert nachhaltig steigert. Konkret bedeutet das:

- Machen Sie das bestehende Wertesystem unter Ihren Mitarbeitern bekannt und erarbeiten Sie, gemeinsam mit ihnen, die wichtigsten Werte für neue Strategien.

- Achten Sie auf eine enge Abstimmung zwischen Unternehmensstrategie und dem Wertesystem des Unternehmens. Auf diese Weise lassen sich Widerstände abbauen und Synergien erarbeiten.

Ein schönes Beispiel liefert hier die Firmengruppe *Hoffmann in* München, einer der führenden Werkzeughersteller und -händler Europas. Das Unternehmen wird nach den drei Grundsätzen »einfach, konzentriert und nützlich« geführt. Bert Bleicher, von der *Hoffmann Group*, folgt dabei folgender Grundüberzeugung:

»Folgen wir doch einem intelligenten ›einfach-konzentriert-nützlich‹. Werte, die einem Unternehmen Klarheit und Orientierung geben und damit Vertrauen schaffen!«

Diese Wertetriangel ist allgegenwärtig im Unternehmen zu spüren und spricht intuitiv Punkte an, die heute – lange nachdem sie durch Hoffmann formuliert wurden – durch die betriebswirtschaftliche Forschung als grundlegende Erfolgsfaktoren ausgewiesen werden.

Das Unternehmensleitbild

Während für die Strategie die Frage diskutiert wird: »Gehen wir den richtigen Weg?«, finden wir im Leitbild die Antwort auf die Frage: »Gehen wir den Weg richtig?«

Damit Ihre Vision und Ihre angestrebten Unternehmenswerte umgesetzt werden, müssen Sie Ihren Mitarbeitern vermitteln, was das Unternehmen zum jetzigen Zeitpunkt darstellt, und was es in Zukunft einmal sein soll. Unternehmensleitbilder unterstützen Sie bei diesem Vorgehen.

Ein Leitbild umschreibt Unternehmenszweck und -ziele sowie Verhaltensgrundsätze nach innen und außen. Es zeigt außerdem auf, wie Zukunftsziele erreicht werden können. Als Grundlage spiegelt es die Unternehmenskultur und Werthaltungen des Unternehmens wider. In den schnelllebigen, stagnierenden Märkten von heute bieten Leitbilder die Chance, sich im Wettbewerb von anderen zu differenzieren.

Das Leitbild schafft die Verbindung der Vision mit dem operativen Tagesgeschäft, indem es:

- eine konkrete Handlungsanweisung vorgibt;
- ein gemeinsames Wertesystem auf der Basis gelebter Grundwerte (core values) schafft;
- den Nutzen der täglichen Arbeit aufzeigt;
- ein einheitliches Selbstverständnis vorgibt;
- eine gemeinsame Grundlage aufzeigt, auf die sich jeder beziehen kann;
- einen Wegweiser für die Unternehmensentwicklung darstellt.

Ein richtiges Leitbild unterstützt Sie in Ihrer Unternehmensführung. Strategische Entscheidungen und daraus resultierende notwendige Veränderungsprozesse werden in einen positiven Sog umgewandelt, wenn es Ihnen gelingt, durch Ihr Unternehmensleitbild eine Richtung vorzugeben, die bei Ihren Mitarbeitern Begeisterung und den Lust auf Wandel auslöst.

»Es gibt nur zwei Gründe für Veränderungen:
Lust oder Leid.«

Ausgangspunkt für jedes Leitbild sind die im Unternehmen gelebten Werte. Schaffen Sie eine Unternehmenskultur, die auf gegenseitigem Vertrauen basiert, und achten Sie auf eine ehrliche, offene und vor allem rechtzeitige Kommunikation.

Wichtig ist, dass alle Mitarbeiter oder Stellvertreter der einzelnen Interessensgruppen in den Leitbild-Prozess miteinbezogen werden. Nur so kann ein realitätsnahes Leitbild entwickelt werden, mit dem sich die Mitarbeiter identifizieren können.

Jedoch erst in der Praxis kann sich ein Leitbild etablieren und Grundlage für die Umsetzung von Visionen und Werten sein. Und dabei sind besonders die Führungskräfte gefragt, denn wie Peter Walter von der Firma *Betapharm* weiß, gilt:

»Eine lebendige Unternehmensphilosophie kann nur
über die Chefetage entstehen.«

»Ich bin dabei«, lautet das zielweisende Motto von *Fressnapf*, das insbesondere den Faktor Mensch hervorhebt und dadurch für erhöhte Mitarbeitermotivation sorgt. Was *Fressnapf* damit meint, wird durch folgende verhaltensweisende Leitsätze umschrieben:

Abbildung 2: Leitsätze von Fressnapf

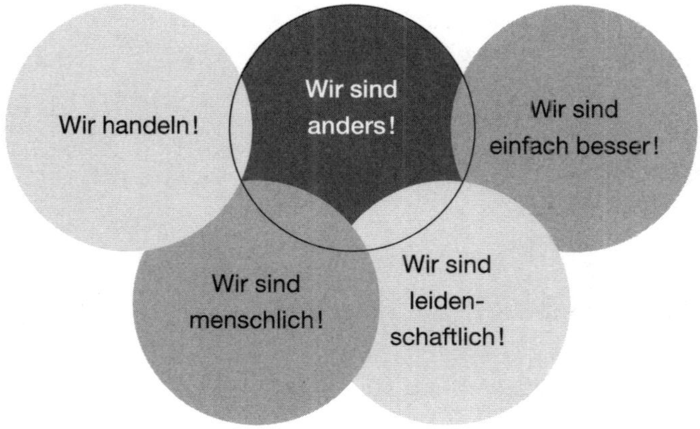

Diese Leitsätze werden dann im Leitbild konkretisiert.

WIR SIND ANDERS

Wir beherrschen unser Geschäft.
Wir sind unkonventionell.
Wir brechen Regeln.
Wir sind frech.
Wir riskieren was, auch wenn's mal schief geht.
Wir sind bescheiden.

WIR SIND BESSER

Wir konzentrieren uns auf das Wesentliche.
Wir sind konsequent.
Wir sind ausdauernd.
Wir machen alles möglichst einfach.
Wir machen uns nützlich.
Wir sind sparsam.
Wir sind verlässlich.
Wir sind direkt.
Wir sind fair und ehrlich.
Wir achten auf Balance zwischen Geschwindigkeit, Kosten und Qualität.

Wir sind zielorientiert.
Wir sind die Nummer 1.

WIR SIND LEIDENSCHAFTLICH

Wir haben Spaß.
Wir lieben unseren Job.
Wir sind dynamisch.
Wir sind Gewinner.
Wir sind mutig.
Wir geben unser Bestes.

WIR SIND MENSCHLICH

Wir sind ein Team.
Wir tragen soziale Verantwortung.
Wir sind Partner.
Wir respektieren uns.
Wir spielen keine Spielchen.
Wir vertrauen uns.
Wir sind alle gleichwertig.
Wir leben nach dem Motto: erst WER, dann WAS, dann WIE.

WIR HANDELN

Wir unternehmen etwas.
Wir sind schneller.
Wir sind selbstverantwortlich.
Wir haben und wollen die besten Mitarbeiter.
Wir wollen Herausforderungen statt Status.
Wir bieten Sinn und fordern Leistung.

Unternehmenskommunikation

Die Unternehmenskommunikation ist ein wichtiger Baustein für den Erfolg. Nach innen beeinflusst sie nachhaltig das Betriebsklima und damit natürlich auch die Motivation der Mitarbeiter. Nach außen ist sie die Ursache dafür, wie das Unternehmen vom Umfeld wahrgenommen wird.

Unternehmenskommunikation übersetzt die Identität eines Unternehmens nach innen wie nach außen!

Menschen wie auch Unternehmen hinterlassen dann einen starken, bleibenden Eindruck, wenn sie als abgeschlossenes Bild auftreten. Aufgabe der Unternehmenskommunikation ist es, ein strategisches Dach für alle Kommunikationsaktivitäten – von der Wahl Ihres Firmenlogos bis zur Gestaltung Ihrer Firmengebäude (Corporate Design), von Ihrer telefonischen Visitenkarte (Sekretariat) bis zu Ihrer klassischen Werbung – zu entwickeln. Je eindeutiger es Ihnen gelingt, ein klares Bild von sich zu vermitteln, umso tiefer ist der bleibende Eindruck. Alle Aktivitäten Ihres Unternehmens werden von Ihrer Umwelt bei diesem Puzzle wahrgenommen – ob bewusst oder unbewusst. Und alle Aktivitäten beeinflussen Ihr Image – ob Sie das nun wollen oder nicht!

Image ist die Gesamtheit der Vorstellungen – also richtige und falsche –, die Einzelne und Gruppen von anderen haben.

Erarbeiten Sie ein Kommunikationskonzept, das Ihnen hilft, das Erscheinungsbild Ihres Unternehmens in Ihrem Sinne zu steuern und zu gestalten. Der Aufwand lohnt sich, denn eine in sich stimmige Kommunikationsstrategie hat enorme Wirkungen!

Christoph Häußler von der *Sahco Hesslein GmbH & Co. KG* fasst diesen Zusammenhang kurz und prägnant in der folgenden Aussage zusammen:

»Profil macht Profit!«

1. Wirkung: Erhöhte Mitarbeitermotivation: Das Personal ist einer der entscheidenden Faktoren für den Erfolg eines Unternehmens. Wie viele Unternehmen klagen aber darüber, dass ihre Mitarbeiter zu wenig motiviert sind. Das Schlagwort der »inneren Kündigung« nimmt inzwischen immer breiteren Raum in der Personaldiskussion ein. Im Rahmen der »Gallup-Engagement-Studie« (vgl. Buckingham/Coffman 2005) wurde festgestellt, dass 88 Prozent der deutschen Arbeitnehmer »Dienst nach Vorschrift« leisten und keine echte Verpflichtung gegenüber ihrer Arbeit empfinden. Der daraus entstehende volkswirtschaftliche Schaden beläuft sich auf 250 Milliarden Euro pro Jahr.

Zahlen wie diese lassen sich natürlich nur schwer beweisen – aber sie zeigen das Problem doch tendenziell überdeutlich. Ein positives Image hat eine entscheidende Wirkung auf die Motivation Ihrer Mitarbeiter! Mehr denn je suchen Mitarbeiter nach Identifikationspotenzial. Wenn sie stolz auf ihr

Unternehmen sein können, dann identifizieren sie sich auch mit ihrer Arbeit. Denken Sie nur einmal an den Motivationseffekt, den eine Arbeit auslöst, die den Mitarbeiter mit Stolz erfüllt. Es ist schon ein gravierender Unterschied, ob man einfach nur Autos baut oder ob man »bei *Mercedes* schafft«.

2. Wirkung: Attraktivität: Attraktivität heißt nichts anderes als Anziehungskraft. Eigentlich wird Ihre ganze Umwelt durch ein positives Image angezogen, egal ob dies nun potenzielle Mitarbeiter oder Vertreter der Presse sind. Je klarer das Bild ist, das Sie nach außen bieten, umso stärker wird diese Anziehungskraft sein.

- Welche Firmen, glauben Sie, bekommen die besten Nachwuchskräfte: die mit dem besseren oder die mit dem schlechteren Image?
- Nach welchen Kriterien entscheidet sich Ihrer Meinung nach ein junger Hochschulabsolvent für seinen ersten Arbeitgeber?

Ein Unternehmen wie *Unilever* gibt jährlich erhebliche Summen für seine Imagewerbung gerade beim akademischen Nachwuchs aus und ist als Arbeitgeber dementsprechend gefragt. Mittelständische Unternehmen werden hingegen immer noch häufig verschmäht. Verglichen mit einem Großunternehmen stehen sie im Ruf, konservativ geprägt zu sein, schlechter zu zahlen und kaum Karrierechancen zu bieten. Qualifizierte Arbeitskräfte von der Attraktivität des eigenen Unternehmens zu überzeugen ist daher für klein- und mittelständische Unternehmen sehr viel schwieriger als für Konzerne. Heute schon kämpfen Unternehmen um die besten Nachwuchskräfte, und das wird sich in den nächsten Jahren noch erheblich verschärfen. Angesichts dieser Entwicklung müssen Mittelständler aktiv werden, denn Attraktivität als Arbeitgeber erwirbt man sich nicht von heute auf morgen.

3. Wirkung: Abwehr von Angriffen: Fabriken sind relativ schnell gebaut, die Einführungszyklen neuer Produkte werden immer kürzer, das Rad des Wettbewerbs dreht sich immer schneller – nur ein gutes Image aufzubauen dauert etwas länger. Wie lange, soll hier nicht diskutiert werden. Tatsache ist aber, dass Ihr Image Sie wie ein Schutzwall vor fremden An- und Übergriffen beschützen kann. Es gibt kaum einen Produktbereich, bei dem wir das Preis-Leistungs-Verhältnis wirklich einschätzen können. Oder wie beurteilen Sie zum Beispiel die Leistung Ihres Steuerberaters? Oder Ihres Arztes? Oder die Ihres Unternehmensberaters?

Einem Unternehmen wie *McKinsey* eilt ein ausgezeichneter Ruf voraus – wer will nun wirklich beurteilen, ob dies tatsächlich gerechtfertigt ist? Auch für Dienstleistungen gilt das oben Gesagte – vielleicht sogar ganz besonders. Hand aufs Herz: Wie beurteilen Sie die Leistung Ihrer Versicherung? Eigentlich können wir das erst, wenn der Schadensfall eingetreten ist. Im Grunde kaufen wir also das Image der Versicherung, jedenfalls die meisten von uns.

Lee Iacocca sagte einmal, sein größtes Problem bei der Sanierung von *Chrysler* war es, die Kunden davon zu überzeugen, dass die Firma, von der sie ein Auto kaufen sollten, morgen überhaupt noch existieren würde. Er hatte in erster Linie – neben der Liquiditätsfrage – ein Imageproblem zu lösen! *Audi* benötigte 20 Jahre, um aus einer Blechschüssel ein Auto der Luxusklasse zu machen. Heute verbindet man mit der Marke *Audi* automatisch den Slogan »Vorsprung durch Technik«, ohne diese Eigenschaft überhaupt noch in Frage zu stellen.

4. Wirkung: Produktvorverkauf: *Mercedes-Benz* hat jahrelang keine Autos, sondern Lieferzeiten verkauft. Der Grund: Image! Ein gutes Image ist der Faktor für den Produktvorverkauf schlechthin.

Wenn Sie sich entscheiden – vielleicht haben Sie das ja bereits –, der Kommunikation in Ihrem Unternehmen den Stellenwert einzuräumen, den sie braucht und verdient, dann stellen Sie sich auf einen langen Weg ein. Nehmen Sie sich genügend Zeit für die Entwicklung der Unternehmenskommunikation, denn auch hier gilt:

Analyse, Planung und Strategie kommen vor der Durchführung!

Zusammenfassung

Eine kraftvolle Unternehmensvision ist die Voraussetzung für jede erfolgreiche Unternehmensstrategie. Als attraktives Bild einer möglichen Zukunft hat sie die Aufgabe, die Mitarbeiter mit Stolz zu erfüllen und zu motivieren.

Ob und wie eine Vision, und in diesem Zusammenhang die Strategie, umgesetzt wird, hängt in hohem Maße von der Unternehmenskultur ab. Diese drückt sich in Werten aus und bedingt ganz entscheidend das Handeln der Mitarbeiter.

Unternehmensleitbilder unterstützen bei der Umsetzung von Visionen und Werten, indem sie Unternehmenszweck und -ziele sowie Verhaltensgrundsätze nach innen und außen umschreiben.

Eine gute Unternehmenskommunikation trägt dazu bei, nach außen und innen ein positives Firmenimage zu kreieren. Die Wirkungen dieses Instruments sind enorm und tragen nachhaltig zum Unternehmenserfolg bei.

Kapitel 3

Umfeldanalyse

In diesem Kapitel werden folgende Themen behandelt:

- Marktsegmente und ihre Attraktivität
- Trendforschung und -analyse
- Planen mit Szenariotechnik
- Kundenwerte und Kundenzufriedenheit
- Kundenportfolio analysieren

Unser Umfeld ist gekennzeichnet durch einen rasanten Wandel. Die Zunahme der Wettbewerbsintensität, technologische Fortschritte, die Globalisierung, eine erhöhte Informationsflut, verkürzte Lebenszyklen – all diese Faktoren sorgen dafür, dass sich die Rahmenbedingungen in den Märkten fundamental und nachhaltig verändern.

Diese Veränderungen haben weit reichende Konsequenzen für Unternehmen. Neue Regeln und Prinzipien entstehen. Überlebensfähig ist nur, wer es schafft, sich an veränderte Rahmenbedingungen anzupassen. Darwin fasste diesen Grundsatz in der Aussage »survival of the fittest« zusammen.

Letztlich erkennen wir erst im Nachhinein, wie gut wir angepasst waren. Es heißt nicht »Wer sich anpasst, überlebt«, sondern »Wer überlebt, war angepasst«! Wenn es Ihnen heute gut geht, bedeutet das nichts anderes, als dass Sie in der Vergangenheit richtige Entscheidungen getroffen haben.

Damit Sie diese Position beibehalten können, werden Sie sich weiterentwickeln müssen. Oder wie Christoph Häusler, von *Sahco Hesslein GmbH & Co. KG*, feststellte:

> *»Der Wandel ist unvermeidbar, aber es liegt an uns, seinen Inhalt und seine Richtung zu bestimmen!«*

Abbildung 3: Fundamentaler Wandel im Unternehmensumfeld

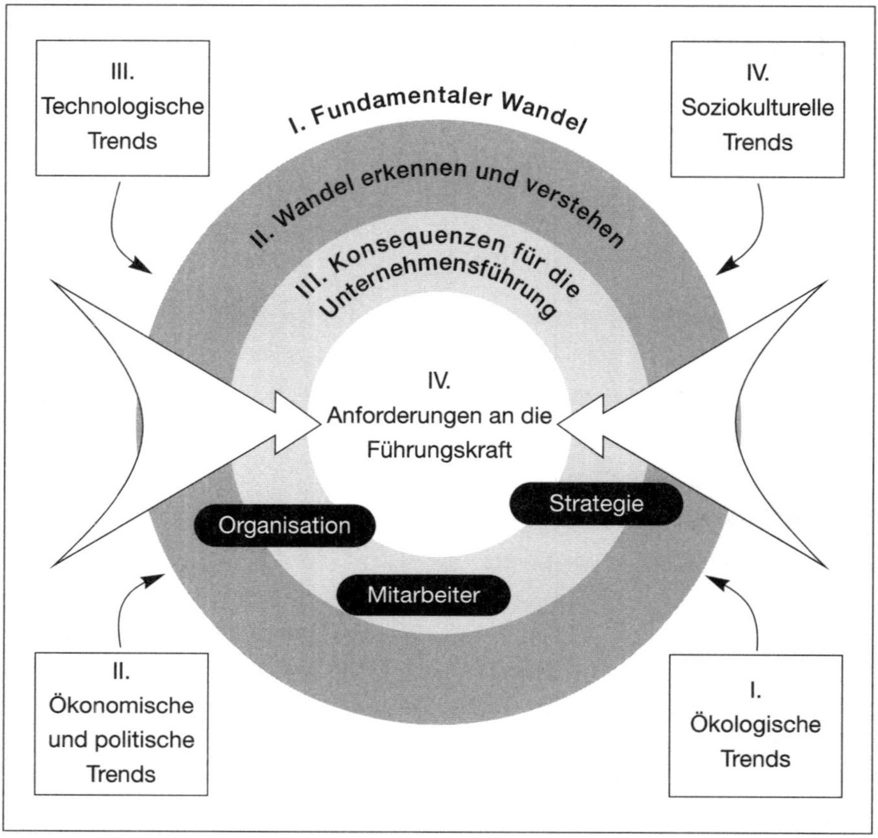

Die Grundfrage für Sie lautet deshalb: Sind wir für die Anforderungen in der Zukunft richtig gerüstet?

Analyse der Marktsegmente

Unternehmen sollen sich auf prinzipiell Erfolg versprechende Tätigkeitsfelder konzentrieren. Auf einem ungeeigneten Terrain ist auch mit größtem Engagement manchmal kein ausreichender Erfolg möglich.

»Erst sollen Sie entscheiden, was Sie tun wollen, dann folgt die Entscheidung, wie es zu tun ist.«

Die Analyse der Marktsegmente zielt darauf ab, ihre Attraktivität für ein Unternehmen, das hier bereits tätig ist oder tätig werden könnte, zu beurteilen. Dabei werden sowohl die momentane wirtschaftliche Situation als auch die langfristigen Wachstumspotenziale einer Branche beurteilt.

Dies unterstützt eine Analyse der fünf Wettbewerbskräfte sowie die Bewertung der Marktattraktivität.

Die Analyse der fünf Wettbewerbskräfte

Der amerikanische Wissenschaftler Michael E. Porter zeigt in seinem »Five-Forces-Modell«, dass der Unternehmenserfolg entscheidend von fünf Wettbewerbskräften abhängt: den Kunden, Lieferanten, Substitutionsprodukten, potenziellen neuen Wettbewerbern sowie dem Wettbewerb zwischen etablierten Unternehmen.

Abbildung 4: Die fünf Wettbewerbskräfte (Michael Porter)

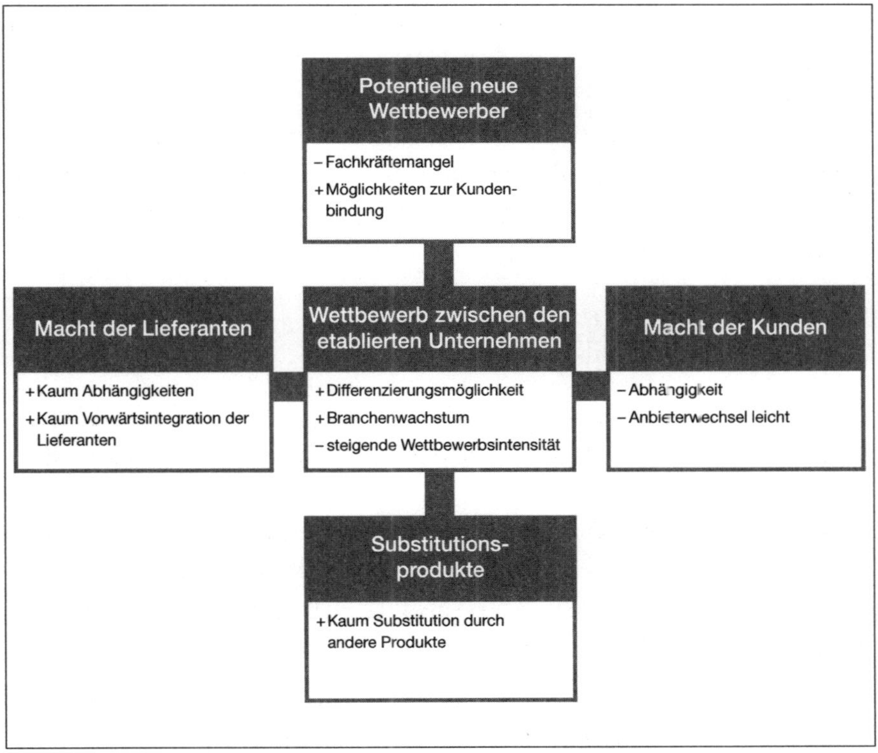

Diese fünf Faktoren sind exogen vorgegeben und damit durch das Unternehmen kaum beeinflussbar. Die Analyse der Wettbewerbskräfte ermöglicht es jedoch, Aussagen über die zu erwartende (Gesamt-) Rentabilität in einem Marktsegment zu treffen. So deuten geringes Nachfragewachstum, fehlende Produktdifferenzierungsmöglichkeiten, hohe Marktaustrittsbarrieren und ein hoher Fixkostenanteil auf einen scharfen Wettbewerb zwischen den bestehenden Anbietern und damit auf eine niedrige Ertragserwartung hin.

Je eher Lieferanten untereinander austauschbar sind, desto besser für Sie; gibt es hingegen nur wenige Lieferanten, verfügen diese über eine hohe Marktmacht und können Konditionen und Preise diktieren.

Gleiches gilt für die Kundenseite. Sind Sie in hohem Maße von einer kleinen Anzahl Kunden abhängig, wirkt sich das negativ auf Ihre Ertragserwartungen aus. Nicht mehr Sie, sondern der Kunde bestimmt dann die Regeln.

Sind Produkte leicht substituierbar, findet der Wettbewerb ausschließlich über den Preis statt. In diesem Fall benötigen Sie eine Kostenstruktur, die es Ihnen ermöglicht, die Kostenführerschaft zu übernehmen.

Hohe Markteintrittshemmnisse, zum Beispiel aufgrund einer hohen Käuferloyalität, wirken sich positiv auf die Rendite aus. Ist es für neue Anbieter hingegen leicht, sich auf dem Markt zu etablieren, ist der Markt wenig attraktiv.

Die Intensität des Wettbewerbs resultiert aus dem Zusammenspiel der genannten fünf Wettbewerbskräfte. Ein Unternehmen muss in der Lage sein, aus der Analyse dieser Faktoren eine Strategie abzuleiten, die seinen langfristigen Erfolg sichert.

Die Bewertung der Marktattraktivität

Für die Beurteilung der Marktattraktivität können Sie die Einzelkriterien heranziehen, die in Abbildung 5 dargestellt und an den Porter-Ansatz angelehnt sind.

Auf die Marktattraktivität selbst haben Sie kaum Einfluss. Sie können jedoch frei entscheiden, in welchen Geschäftsfeldern Sie tätig werden wollen. Untersuchungen haben gezeigt, dass der Erfolg eines Unternehmens in hohem Maße von der Qualität des Marktes abhängt, in dem es tätig ist.

Unternehmen sind langfristig nur dann erfolgreich, wenn sie sich auf attraktive Geschäftsfelder konzentrieren.

Abbildung 5: Marktattraktivität (in Anlehnung an: *Gleißner, W.; Weissman, A., 2001, Kursbuch Unternehmenserfolg*)

Einflussfaktoren auf die Marktattraktivität	Rendite-wirkung
Erweitertes Marktwachstum	+
Wettbewerbsintensität	–
Risiken durch Kalkulationsfehler, unerwartet niedrige Arbeitsproduktivität etc.	–
Preisempfindlichkeit (»Elastizität«) der Nachfrage	–
Möglichkeiten zur Produkt- bzw. Leistungsdifferenzierung	+
Konjunkturempfindlichkeit	–
Notwendige Kapitalbindung, Fixkostenbelastung	–
Möglichkeit der Kundenbindung	+
Verhandlungsmacht der Kunden	–
Verhandlungsmacht der Lieferanten	–
Substitutionsprodukte und -leistungen	–
Markteintrittshemmnisse für neue Wettbewerber	+
Abwehrreaktionen etablierter Unternehmen	+

Dabei spielen auch mögliche Synergien mit anderen Geschäftsbereichen eine Rolle. Indizien für unattraktive Tätigkeitsfelder sind:

- schrumpfendes Marktvolumen,
- niedrige Markteintritts- und hohe Marktaustrittsbarrieren,

- starke Abhängigkeiten von wenigen Kunden oder Lieferanten,
- hohe Fixkostenbelastung verbunden mit starken konjunkturellen Nachfrageschwankungen,
- einzige Differenzierungsmöglichkeit über den Preis.

Gerade wenn Ihr Unternehmen in einem besonders attraktiven Marktsegment tätig ist, müssen Sie jedoch immer mit neuen Wettbewerbern rechnen. Da sich dieser Vorgang negativ auf die Rendite auswirkt, müssen Sie möglichst schnell wirksame Markteintrittsbarrieren aufbauen. Besetzen Sie die besten Standorte, schließen Sie langfristige Verträge mit Ihren Kunden ab, bauen Sie eine außergewöhnliche Marke auf et cetera. Stellen Sie sicher, dass Sie über eine verteidigbare Position verfügen und damit Ihr nachhaltigen Erfolg garantiert ist.

Trendforschung und Trendanalyse

Es genügt nicht, die momentane Marktsituation zu kennen und sich an aktuelle Umfeld- und Wettbewerbsbedingungen anzupassen. Die Rahmenbedingungen ändern sich dafür viel zu schnell.

Das einzig Beständige ist der Wandel!

Im Markt von morgen ist das Können und Wissen von heute veraltet. Die Komplexität unserer Welt erfordert Vorausschau und Planung. Kluge Unternehmer handeln daher nach dem Motto:

Think future – act now.

Es gilt, die bedeutsamen Entwicklungen in der Zukunft herauszufinden! Dabei unterstützen uns Trendforschung und Trendanalyse. Relevante Trends und deren Wirkung auf das Unternehmen müssen identifiziert, erfasst und beobachtet werden, um Trendentwicklungen prognostizieren zu können.

Strategisches Management ist mehr als ein aktives Anpassen des Unternehmens an aktuelle Umfeldbedingungen. Hinter dem Ansatz eines wertorientierten Managements steckt die Aussage, dass ein Unternehmen zukunftsorientiert ausgerichtet werden soll. Stellen Sie sich die Frage:

Abbildung 6: Trends im Unternehmensumfeld

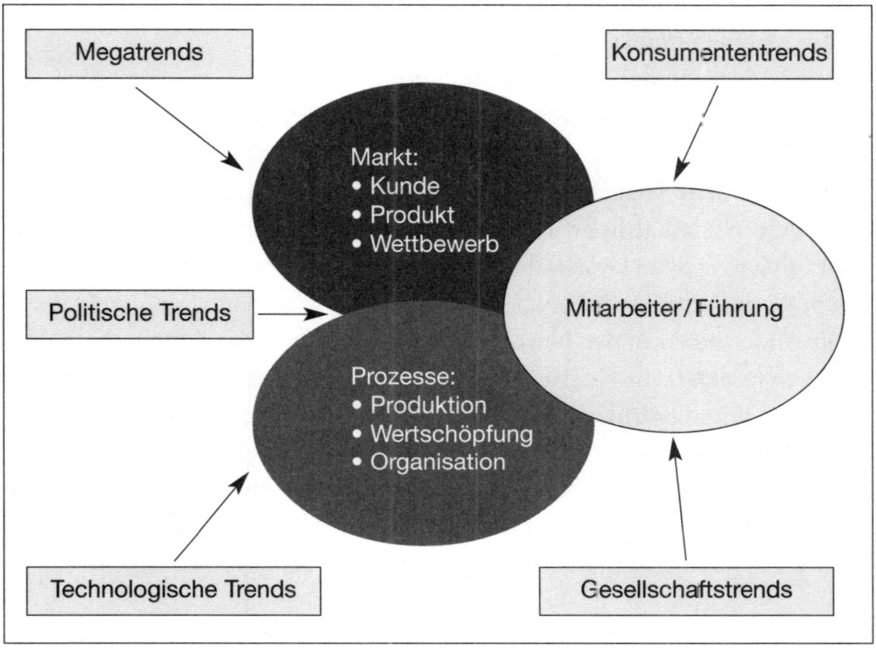

Was braucht mein Unternehmen, damit es auch in Zukunft gut angepasst ist?

Die Arten von Trends, die in Abbildung 6 dargestellt sind, wirken auf die Rahmenbedingungen von Unternehmen ein.

Wenn Trends von sehr vielen Menschen verfolgt werden und zudem längerfristig vorhanden sind, spricht man von »Megatrends«. Diese gelten unabhängig von der jeweiligen Branche für das gesamte Umfeld und stellen den Rahmen jeder Umfeldanalyse dar. Wir gehen unter anderem von folgenden Megatrends aus:

1. Instabilität und Widersprüche im Konsumentenverhalten.
2. Gnadenloser und komplexer Hyperwettbewerb.
3. Produkte werden austauschbarer; die Trennung von Produkt und Dienstleistung wird zunehmend schwieriger.
4. Unternehmen gestalten öffentliche Wertedebatten und das gesellschaftliche Umfeld mit.
5. Verlust der Mitte.

6. Multimedia und Datenautobahnen verändern Branchen und Lebensweisen.
7. Es entstehen immer neue Kooperationsnetzwerke.
8. Die Bedeutung der Marken nimmt zu.
9. Stagnation und Rückgang in vielen Wirtschaftssegmenten.

Gesellschaftliche Trends werden nachhaltig durch Megatrends geprägt. Insbesondere wirtschaftliche Turbulenzen führen zu einem Wertewandel. Es bildet sich eine neue Gesellschaft heraus, mit veränderten Ansprüchen und einem veränderten Auftreten.

Veränderungen in der Natur, der Ökonomie und der Gesellschaft spiegeln sich in den technologischen Trends wider. Ein verändertes Nachfrageverhalten, wirtschaftliche Stagnation, Globalisierung et cetera. führen zu einem erhöhten Bedarf an technologischen Entwicklungen. Ein Unternehmen muss sich an andere Rahmenbedingungen anpassen, neue Erfolgspotenziale erschließen, um wettbewerbsfähig zu bleiben. Technologische Entwicklungen sind dementsprechend sehr viel kurzlebiger als gesellschaftliche.

Konsumententrends übersetzen diese Veränderungen auf die Warenebene. Mit einer Halbwertzeit von fünf bis sieben Jahren werden sie vom Lebensgefühl der Menschen im sozialen Wandel geprägt und schlagen sich stark in Konsum- und Produktwelten nieder. Konsumtrends können nebeneinander bestehen. Es ist durchaus möglich, dass ein Konsument, der sich heute einen *Porsche* gönnt, morgen bei *Aldi* an der Kasse steht. In beiden Fällen erfüllt er sich ein tief sitzendes Bedürfnis. Die *BBE Unternehmensberatung* hat die für die nächsten Jahre wichtigsten Trends im Konsumentenverhalten zusammengefasst. Grundlage dieser Untersuchung war eine Expertenbefragung. Nachfolgend werden die wichtigsten Konsumententrends kurz erläutert. Auch sie sind Rahmenbedingungen, denen unternehmerische Entscheidungen – insbesondere im Marketing – gerecht werden müssen.

1. Die Bedeutung der Teens und Twens beim Konsum nimmt zugunsten der 40- bis 65-Jährigen ab. Insbesondere für den Handel werden die »Mid-Ager« als die konsumstärksten und konsumfreudigsten Verbraucher in Deutschland die wichtigste Zielgruppe.
2. Gefragt ist der schnelle Konsum ohne mühsame Vorbereitungen oder langfristige Verpflichtungen. Produkte, Dienstleistungen und Angebote

müssen dem schnellen Lebenswandel entsprechen, der neben dem Wechsel von Wohnorten, Jobs und Ähnlichem, auch den schnellen Wechsel persönlicher Stile der Konsumenten beinhaltet. Flexibilität und Variabilität werden daher zukünftig eine noch stärkere Bedeutung für Unternehmen haben.

3. Das preisbewusste Einkaufen (Schnäppchenjagd) wird immer stärker in der Gesellschaft anerkannt und gefördert. Außerdem wird das Internet den Preisdruck für die Unternehmen und insbesondere für den klassischen Handel dramatisch verschärfen. Die Unternehmen müssen sich konsequent zwischen Preis- und Serviceorientierung entscheiden. Nur wer ein klares Profil vorweisen kann, wird künftig noch genügend Kunden anziehen.
4. Bezogen auf den Einkauf und Konsum verbinden die Kunden mit »Convenience« im Wesentlichen Zeitersparnis und Stressvermeidung. Das Potenzial in Deutschland ist dafür beachtlich. Die Gründe für diesen Trend sind vor allem demografische Entwicklungen wie die steigende Anzahl von Singles, berufstätigen Frauen und Senioren, aber auch die zunehmende Freizeitorientierung.
5. Prognosen zur Entwicklung des E-Commerces stimmen darin überein, dass sich der Trend zum Online-Shopping fortsetzen wird. Unternehmen, die die Möglichkeiten des E-Commerce nicht ausloten, riskieren aus heutiger Sicht massive Wettbewerbsnachteile.
6. Die Geldanlage wird wegen niedriger Zinsen, dem Zwang zur privaten Altersvorsorge und neuer Chancen am Aktienmarkt für immer breitere Bevölkerungskreise zum zentralen Thema. Die aktuellen Trends am Finanzmarkt haben auch Konsequenzen für die gesamte Nachfrage, weil beispielsweise das verstärkte Aktienengagement der Deutschen langfristig – ähnlich wie in den USA – zu einer Abhängigkeit des Konsums von der Börsenentwicklung führt. Außerdem erringen börsennotierte Unternehmen zunehmend Vorteile, da der Börsengang den Bekanntheitsgrad steigert. Teilweise nimmt dadurch auch die Kundenbindung bei den eigenen Aktionären zu.
7. Die steigende Informationsflut ist von den Kunden nicht mehr zu bewältigen. Im Trend liegen daher elektronische Medien, die es erlauben, den Medienkonsum über Präferenzfilter zu steuern. Gleichzeitig sinkt die Bereitschaft, sich mit umfangreichen Informationspaketen auseinander zu setzen.

8. In der Massengesellschaft haben Individualität und Originalität einen hohen Stellenwert; Unikate sind jedoch für die Mehrheit unbezahlbar. Die preiswerte Individualisierung von Massenprodukten durch neue Techniken stößt deshalb auf eine riesige Bedarfslücke. »Mass Customization« ist die Produktionsform der Zukunft.

Diese Trendkategorien prägen im Wesentlichen die Bereiche Markt/Kunde, Finanzen, Mitarbeiter und Prozesse. Es ist Aufgabe des strategischen Managements herauszufinden, welche der genannten Trends sich auf Ihr Unternehmen auswirken werden.

Die S-T-E-P-Analyse

Nur wenige Unternehmen sind groß genug, um die Rahmenbedingungen ihres Marktes entscheidend zu ihren Gunsten zu verändern. In aller Regel sind es diejenigen Unternehmen, die sich ihrem Markt und ihrem Umfeld anpassen, und nicht umgekehrt. Wichtig ist es daher, eine mentale Einstellung aufzubauen, die dabei hilft, Veränderungen in der Umwelt eines Unternehmens als Chance, und nicht als Bedrohung, aufzunehmen.

Lernen Sie die relevanten Trends Ihres Marktes kennen!

Analysieren Sie mindestens einmal jährlich Ihr Umfeld. Ein geeignetes Instrument stellt dabei die S-T-E-P-Analyse dar.

S	=	**S**ocial Environment (soziale Umwelt)
T	=	**T**echnological Environment (technologische Umwelt)
E	=	**E**conomical Environment (ökonomische Umwelt)
P	=	**P**olitical Environment (politische Umwelt)

Die zentrale Frage lautet:

Welche Veränderungen in der Zukunft wirken sich wie auf Ihre zukünftige Wettbewerbssituation aus?

Unser Leben ist geprägt durch Veränderungen. Wir erleben soziale, technologische, ökonomische und politische Trends, die oftmals weit reichende Folgen mit sich bringen. Die Globalisierung führt zu einem Export von Arbeitsplätzen in Billiglohnländer, in denen eine Arbeitskraft um ein Vielfaches weniger kostet als bei uns. Unsere Gesellschaft überaltert, die Geburtenrate sinkt immer weiter. Familienstrukturen verschwinden zugunsten von Single-Haushalten. Technologisch gesehen entwickeln wir uns zu einer Multimedia-Gesellschaft, in der das Internet in jedem Haushalt Standard ist, digitalisierte Prozesse immer mehr an Bedeutung gewinnen, und die Anforderungen immer weiter steigen. Und die Politik ist geprägt durch weitere Einschnitte im Gesundheitswesen, durch Arbeitsmarktreformen, Sparmaßnahmen et cetera.

Die Rahmenbedingungen ändern sich immer schneller.

Wenn Sie überleben wollen, müssen Sie die relevanten Veränderungen frühzeitig erfassen und Maßnahmen einleiten.

Identifizieren Sie die für Ihr Unternehmen relevanten Trends und projizieren Sie sie auf die vier Perspektiven Markt/Kunde, Prozesse, Mitarbeiter/Führen/Lernen und Finanzen/Risiko in Ihrem Unternehmen. Dadurch können Sie abschätzen, wie sich die Entwicklungen auf Ihr Unternehmen auswirken werden. Sie erhalten eine Matrix wie die in Abbildung 7 dargestellte Übersicht.

Abbildung 7: S-T-E-P-Analyse

	Markt/Kunde	Prozesse	Finanzen/Risiko	Mitarbeiter/Führen/Lernen
Social Environment				
Technological Environment				
Economical Environment				
Political Environment				

Tragen Sie in jedes der 16 Felder einer eigenen Matrix erkannte Trends ein und leiten Sie mögliche Auswirkungen auf Ihr Unternehmen ab. Zu einigen Feldern wird Ihnen wahrscheinlich mehr einfallen, zu anderen weniger. Am Ende der S-T-E-P-Analyse kennen Sie jedoch mit Sicherheit die Rahmenbedingungen Ihres Unternehmen und die damit verbundenen Strukturveränderungen.

Verpasst ein Unternehmen strategische Entwicklungen, verschlechtern sich seine Erfolgspotenziale und damit auch seine Wettbewerbsposition. *Karstadt-Quelle* verschlief in den 90er-Jahren den Trend zur Internationalisierung. Heute zeigen sich die negativen Auswirkungen. Das Unternehmen schreibt tiefrote Zahlen, Massenentlassungen sind die harte Konsequenz. Auch am Beispiel *Lego* zeigt sich die Bedeutung von Trends sehr deutlich: Durch die fehlende Fähigkeit, sich anzupassen, übersah oder ignorierte das Unternehmen relevante Trends des Marktes, wie zum Beispiel die Elektronisierung von Spielzeug, und bugsierte sich so in einen kritischen Zustand.

Durch das frühzeitige Erkennen von Trends und einer entsprechenden Reaktion gelangte die Firma *Geutebrück GmbH* aus Nasshagen zu ihrem heutigen Erfolg. Das Unternehmen, das sich auf die Planung, Entwicklung und Fertigung von Video-Überwachungs-Systemen spezialisiert hat, erkannte frühzeitig den technologischen Trend von analoger zu digitaler Technik und entwickelte entsprechende Geräte, um diesen Technologiesprung abzufedern. *Geutebrück* schaffte sich damit einen überlegenen Wettbewerbsvorteil gegenüber dem Rest der Branche, der diese Entwicklung nicht erkannt hatte. Heute ist die *Geutebrück GmbH* einer der führenden Technologieanbieter auf dem Weltmarkt.

Auf einen soziodemografischen Trend reagierte die Firma *Frankenwälder* aus Münchberg. Der Damenbekleidungshersteller für die Frau über 50 stellte fest, dass auch diese Zielgruppe gesteigerten Wert auf zeitgemäße, abwechslungsreiche Mode legt und wurde dementsprechend aktiv. Heute entwickelt das Unternehmen ein elegant-sportives Outfit für die Frau über 50 und wechselt seine Kollektionen fast genauso häufig wie *H&M*. Mit diesem Konzept erzielt *Frankenwälder* mittlerweile Gewinne, die weit über dem Branchendurchschnitt liegen.

Überprüfen Sie daher die Rahmenbedingungen Ihres Unternehmens regelmäßig. Nur so können Sie sicherstellen, dass Sie auch in Zukunft richtig positioniert sind.

Trendbewertung

Das reine Erkennen von Trends ist bei weitem nicht ausreichend. Erst durch ihre Bewertung haben Sie die Möglichkeit, rechtzeitig auf Entwicklungen zu reagieren.

Wenn der Wind des Wandels weht, bauen die einen Mauern und die anderen Windmühlen!

Ein Formblatt wie das in Abbildung 8 gezeigte hilft bei der sinnvollen Bewertung erkannter Trends:

Abbildung 8: Trendbewertung

Trendbeschreibung:	
Prognose: (Messgrößen und Entwicklung)	Wichtigkeit:
Chancen :	Gefahren:
Bewertung / Konsequenzen: • Welche Fähigkeiten gewinnen an Bedeutung? • Welche Art von Unternehmen gewinnt Vorteile?	

Hierzu empfiehlt sich Ihnen folgende Vorgehensweise:

1. Beschreiben Sie den erkannten Trend. Beantworten Sie die Frage: Um welche Veränderung handelt es sich?
2. Prognostizieren Sie die voraussichtliche Entwicklung des Trends und geben Sie an, welche Messgrößen Sie dieser Erwartung zugrunde legen.
3. Legen Sie fest, wie wichtig der erwartete Trend für die Entwicklung Ihres Unternehmens ist. Extrem wichtige Trends, die starke Auswirkungen

auf die Rahmenbedingungen Ihrer Organisation haben, sind von oberster Priorität für Sie. Auf solche Entwicklungen müssen Sie umgehend reagieren. Weniger wichtige Veränderungen können Sie momentan noch hintanstellen. Überprüfen Sie jedoch immer wieder, ob der Trend aufgrund neuer Rahmenbedingungen nicht an Bedeutung gewinnt.

4. Jeder strukturelle Wandel ist mit Chancen und Risiken für Ihr Unternehmen verbunden. Halten Sie deshalb fest, welche Trends sich günstig beziehungsweise ungünstig auf Ihr Unternehmen auswirken, das heißt eine Chance oder ein Risiko für Ihr Unternehmen darstellen.
5. Veränderungen Ihrer Rahmenbedingungen haben Konsequenzen. Für Ihr Unternehmen wird es Fähigkeiten geben, die durch den Wandel mehr an Bedeutung gewinnen, andere werden in Zukunft weniger wertvoll sein. Und dann wird es Fähigkeiten geben, über die Sie derzeit noch nicht verfügen, die aber aufgrund der Trends in Zukunft unabdinglich sind. Welche Fähigkeiten werden in Zukunft für Sie von Bedeutung sein?

Überlegen Sie sich, welche Art von Unternehmen von den geänderten Rahmenbedingungen besonders profitieren beziehungsweise besonders geschädigt werden. Gewinnen die Großen gegen die Kleinen, die Schnellen gegen die Langsamen, die Serviceorientierten gegen die Produktorientierten? Wie ist der Gewinner aufgestellt? Leiten Sie aus den gewonnenen Erkenntnissen für sich und Ihr Unternehmen ab, wie Sie sich organisieren müssen, damit Sie vom Wandel profitieren.

Langfristig planen mit Szenarien

Ursprünglich von der amerikanischen *Randcorporation* für militärische Aufgaben entwickelt, gelang der Szenariotechnik in den 70er-Jahren auch im Wirtschaftsbereich der große Durchbruch. Schwerwiegende wirtschaftliche Krisen und turbulenter werdende Märkte lösten in den einzelnen Unternehmen ein neues Denken hinsichtlich ihrer strategischen Planung aus. Mittlerweile findet die Szenariotechnik immer mehr Anhänger, auch im Mittelstand. Gerade in Märkten mit starken Trendschwankungen ist die Szenariotechnik kaum mehr wegzudenken.

Grundgedanke der Szenariotechnik ist es, für Objekte mit hoher Planungsunsicherheit mehrere Zukunftsbilder zu entwerfen und Handlungsalternativen aufzuzeigen, um negative Auswirkungen zu verhindern. Durch den so genannten Szenariotrichter (siehe Abbildung 9) lassen sich Idee und Funktionsweise der Szenariotechnik graphisch veranschaulichen.

Ausgangspunkt unserer Betrachtung ist die engste Stelle des Trichters, die Gegenwart. Von hier aus werden verschiedene Szenarien geplant, die aufgrund der jeweiligen Einflussfaktoren und ihrer Entwicklung eintreten könnten. Mit zunehmender Zeitdauer öffnet sich der Trichter immer weiter, weil heutige Ereignisse immer mehr an Bedeutung verlieren und das Möglichkeitsspektrum immer größer wird. Ausgehend von der gegenwärtigen Situation werden zunächst zwei Extremszenarien für Ihr Unternehmen gebildet, der »best case« und der »worst case«. Diese spannen den Szenariotrichter auf. Dem Management werden dadurch zwei gegensätzliche Entwicklungen auf-

Abbildung 9: Denkmodell zur Darstellung von Szenarien (in Anlehnung an: *Weissman, A., 1995, Marketing-Strategie, 10 Stufen zum Erfolg*)

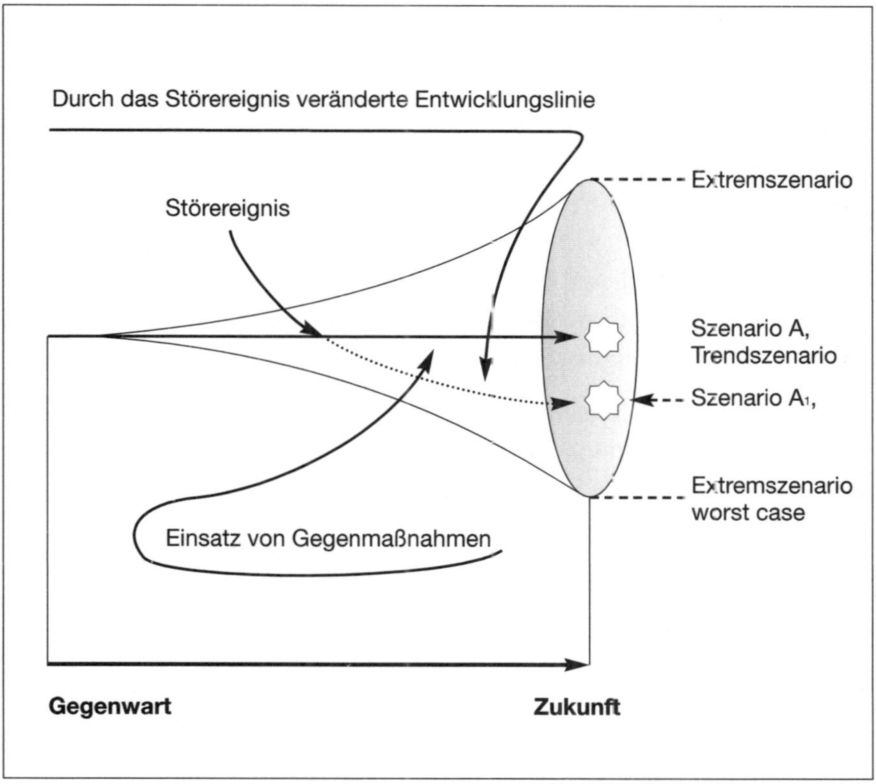

gezeigt, die dazu zwingen, in Alternativen anstatt in Kompromissen zu denken. Unentschlossenes Handeln wird dadurch vermieden.

Verfolgt man eine trendmäßige Entwicklung, so erreicht man aufgrund der jeweiligen Einflussfaktoren ein bestimmtes Zukunftsbild (Szenario A, Trend-Szenario). Sie dürfen jedoch nicht davon ausgehen, dass der Weg von der Gegenwart bis zum erreichten Szenario linear verläuft. Störereignisse können zu Verschiebungen in der trendmäßigen Entwicklung führen. Solche Störgrößen können Sars, der Irak-Krieg, die Flutkatastrophe et cetera sein. Sie lassen ein völlig neues Zukunftsbild entstehen (Szenario A1). In diesem Fall müssen Sie sich überlegen, welche Gegenmaßnahmen das Unternehmen ergreifen kann, um negative Auswirkungen zu verhindern.

Ziel der Szenariotechnik ist es, die Spannweite aller möglichen Entwicklungen aufzuzeigen. Sie erhalten dadurch die Möglichkeit, rechtzeitig auf Trendwechsel zu reagieren und entsprechende Gegenmaßnahmen einzuleiten. Zusätzlich erhalten Sie Handlungsspielräume, wie die eine oder andere Zukunft erreicht werden kann. Da es unmöglich ist, alle möglichen Szenarien zu beschreiben, sollten Sie sich auf diejenigen Szenarien beschränken, die aussagekräftig, möglichst unterschiedlich und stabil sind.

Es werden verschiedene Vorgehensweisen zur Erstellung von Szenarien genutzt. Welche Vorgehensweise Sie wählen, bleibt Ihnen überlassen. Ihre Konzeption sollte jedoch im Wesentlichen auf den folgenden drei Phasen aufbauen:

1. Analyse-Phase: In dieser Phase wird die gegenwärtige Situation genauestens analysiert. Sämtliche Basisinformationen werden zusammengestellt und alle wichtigen Einflussbereiche erarbeitet.

2. Prognose-Phase: Diese Phase dient dazu, sinnvolle Annahmen über unsichere Zukunftsentwicklungen der Einflussgrößen zu treffen. Mit Hilfe von Störereignissen wird die Stabilität von Trends überprüft.

3. Synthese-Phase: Als Ergebnis von Phase 1 und 2 werden hier mehrere alternative Zukunftsbilder entwickelt, die logisch und widerspruchsfrei aufgebaut sein müssen.

Trotz des hohen Aufwandes lohnt es sich gerade auch für mittelständische Unternehmen, Szenarien zu entwickeln. Schnelle Veränderungen der Rahmenbedingungen erfordern ein Denken in Alternativen, denn:

»Entweder man geht MIT der Zeit, oder man GEHT mit der Zeit.«

Eine von uns beratene Brauerei stand etwa vor der Herausforderung, in den nächsten Jahren starke Verluste verzeichnen zu müssen. Nun lag in der Fokussierung auf das Kernabsatzgebiet eine strategische Option, und damit der Aufgabe der restlichen Gebiete. Als Folge dieser Entwicklung ging man von einem Rückgang der Absatzmenge aus. Zudem wurde aber aufgrund der starken Marke im Kerngebiet von einer Erhöhung des Absatzpreises ausgegangen. Man entwickelte mehrere Szenarien für verschiedene Preis-, Mengen- und Kostenentwicklungen. Als Störgrößen wurden unter anderem die Veränderung der Promillegrenze sowie weitere staatliche Eingriffe berücksichtigt. Aufgrund der Ergebnisse dies Szenariotechnik entschied sich das Unternehmen für eine Fokussierung auf das Kerngebiet und legte damit den Grundstein für seinen heutigen Erfolg.

Die praktische Anwendung von Szenarien bietet Ihrem Führungsteam die Möglichkeit, Trends und Diskontinuitäten zu erkennen, die heute noch schlecht strukturiert und schwach wirken. Sie haben auf diese Weise ausreichend Zeit zu reagieren und Maßnahmen einzuleiten. Darüber hinaus wird bei Ihrem Management-Team ein einheitliches Verständnis über relevante Umweltentwicklungen trainiert. Die Szenariotechnik bildet damit eine Plattform, auf der verschiedene Strategiealternativen formuliert und getestet werden können.

Kundenanalyse

Bei aller Bedeutung der Kundenorientierung darf ein Unternehmen einen Fehler auf keinen Fall begehen: Allen Kunden das gleiche Angebot und das gleiche Maß an Zuwendung zukommen zu lassen! Während ein Teil der Unternehmen den Kunden geradezu aus ihrem Alltag vertreiben möchte, machen andere geradezu den umgekehrten Fehler: Sie übertreiben ihre Kundenorientierung.

Wenn man eine Sache gut tun will, kann man sie nicht für jeden tun!

So wie Sie aus jeder guten Eigenschaft eine negative machen, wenn Sie sie übertreiben, gilt das auch in Bezug auf die Kundenorientierung. Aussagen wie »Wir tun alles für den Kunden!« hören sich vielleicht gut an, dienen jedoch nicht dem Unternehmenszweck. In einem wertorientierten System muss sich ein Unternehmen auf die Kunden mit dem höchsten Kundenwert konzentrieren.

Der Begriff des Kundenwertes

In den meisten Organigrammen wird die Kundenseite nicht erwähnt. Da gibt es Produktmanager statt Kundenmanager, und in Abteilungen versucht man Eigeninteressen zu wahren, statt für gemeinsame Kundeninteressen zu arbeiten. Letztendlich ist der Unternehmenswert, als Maß für die Zukunftsfähigkeit eines Unternehmens, aber doch nichts anderes als die Summe der »Cash Flows«, die vom Kunden kommen. Die Kunden geben einem Unternehmen etwas, was ihnen sonst so sehr am Herzen liegt: ihr Geld!

Unternehmenswert und Kundenwert gehören daher zwingend zusammen, wobei nie aus den Augen gelassen werden darf, dass der Kundenwert die Ursache und der Unternehmenswert die Folge ist. Das Unterziel Ihres Unternehmens sollte demnach die Steigerung des Kundenwertes sein. Volkmar Wywiol von der Stern-Wywiol-Gruppe bläut seinen Mitarbeitern deshalb ein:

»Ihr Gehalt zahlt nicht der Chef. Denken Sie daran:
Ihre Kunden entscheiden über Ihr Einkommen!«

Der Kundenwert spiegelt den gesamten Ertragswert einer Kundenbeziehung wider. Dazu gehören neben den Ein- und Auszahlungen auch qualitative Größen wie Referenzwert, Informationswert und Sicherheitswert einer Kundenbeziehung.

Über die Messung des Kundenwertes können Sie Ihre wertsteigernden Kunden identifizieren und damit eine gezielte Steuerung Ihrer Ressourcen von Zeit und Geld vornehmen. »Spitz statt breit« lautet das Erfolgsrezept. Eine Verzettelung in der Kundenstruktur führt zu Misserfolgen.

Alles für den richtigen Kunden.

Vilfredo Pareto hat uns anhand des Pareto-Prinzips gezeigt, dass 20 Prozent der Kunden für 80 Prozent der Umsätze sorgen. Umgekehrt heißt das jedoch, dass 80 Prozent der Kunden nur 20 Prozent der Wertschöpfung verursachen. Da liegt es doch auf der Hand, dass die Konzentration auf die

Abbildung 10: Bestimmungsfaktoren des Kundenwertes

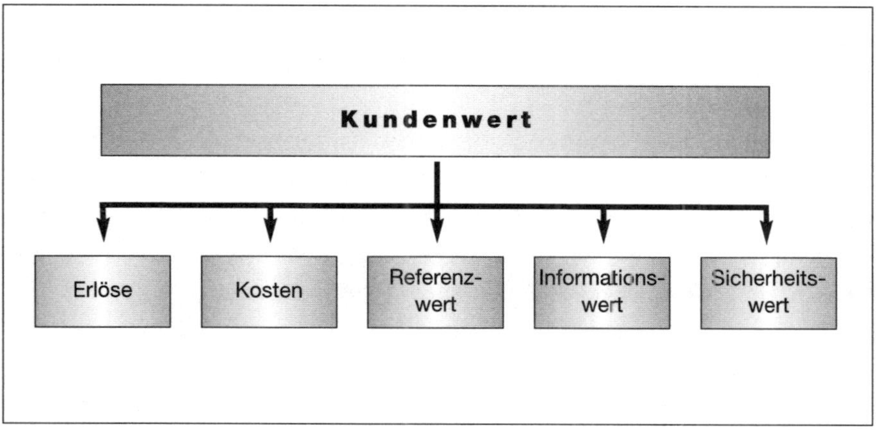

Kunden mit der höchsten (zukünftigen!) Wertschöpfung am stärksten zum Unternehmenswert beiträgt.

Den monetären Wert einer Kundenbeziehung erhält man, indem man bereits erwirtschaftete und zukünftig erwartete Cash Flows einer Kundenbeziehung auf den heutigen Zeitpunkt abdiskontiert. Je höher der Wert ist, den Sie erhalten, desto höher ist auch der Geldwert der Kundenbeziehung.

Meist wird Kunden nur ein rein ökonomischer Wert zugemessen. Eine weitere, nicht zu unterschätzende Einflussgröße auf den Kundenwert stellt jedoch der *Kunden-Informationswert* dar. Bewertet werden dabei Kontakthäufigkeit, Kontaktart, Anregungen, Reklamationen etc. Nicht jeder Kunde ist ein wertvoller Informationslieferant. Ihre Aufgabe ist es herauszufinden, welche Ihrer Kunden einen hohen Informationswert besitzen. Diese Kunden mit hohem Informationswert müssen Sie zu einem kontinuierlichen Austausch mit dem Unternehmen bringen.

Ebenso wichtig ist der *Referenzwert*, das heißt die Weiterempfehlungen einer Kundenbeziehung. Wichtig ist dabei der Grad der Einflussnahme der betrachteten Person (Meinungsführer). Hier hat ein Kunde mit tendenziell niedrigem Umsatzwert, aber hohem Referenzwert natürlich einen höheren Kundenwert als bei reiner Umsatzbetrachtung. Da Kundenempfehlungen eine der wirksamsten Kommunikationsformen darstellen, ist diese Betrachtung wesentlich marktnäher als eine reine Umsatzbetrachtung. Der Referenzwert kann sich für Unternehmen jedoch ebenso negativ auswirken, wenn Kunden mit hohem sozialen Einfluss ihre negativen Erfahrungen weitergeben.

*Gute Erfahrungen erzählen wir drei Personen –
schlechte Erfahrungen zehn!*

Unternehmen sollten Ihre Referenzkunden daher genau kennen und privilegiert behandeln.

Ein weiterer Bestimmungsfaktor für den Kundenwert ist der *Sicherheitswert* Ihres Kunden. Darunter versteht man Faktoren, die für die Sicherheit des Unternehmens sorgen. Ausschlaggebend sind unter anderem die Treue des Kunden sowie die Ausfallsicherheit der Forderungen, also alles, was sich auf die Sicherheit der Kunden-Cash-Flows auswirkt.

Erfolgreiche Unternehmen betreiben konsequentes Kundenwertmanagement und richten den größten Teil ihrer Aufmerksamkeit, ihrer Zuwendung und natürlich auch ihrer Investitionen von Zeit und Geld auf ihre wertsteigernden Kunden. Ziel der Kundenwertanalyse ist es, mit wenigen Kunden durch individuelle Ansprache eine langfristige und intensive Bindung aufzubauen.

Über ein sehr effizientes Instrument der Kundenbindung verfügt das Unternehmen *Maico GmbH* aus Südtirol. Das Vetriebsunternehmen von Produkten für Fenster und Türen hat eine Organisation geschaffen, die auf den Erkenntnissen der Kundenbedürfnisse basiert. Damit verkauft *Maico* nicht nur besser, sondern bietet seinen Kunden einen zentralen Nutzen durch einen hervorragenden Service.

Über die Software *Maico Win* übernimmt die *Maico GmbH* für Kunden die Lagerverwaltung, stellt ein Online-Auftragssystem zur Verfügung und bietet einen detaillierten elektronischen Katalog. Darüber hinaus unterstützt und begleitet *Maico Win* seine Kunden beim Aufbau von Kernkompetenzen durch Schulungen, Co-Marketing, technische Beratung et cetera. Durch diese softwaregesteuerte vertikale Integration kann sich ein Kunde völlig auf sein Kerngeschäft konzentrieren und zieht damit einen erheblichen Nutzen aus der Geschäftsbeziehung.

Jetzt stellt sich die Frage: Auf welchen Kunden sollen Sie sich konzentrieren, um die höchste Wertschöpfung zu erreichen? Oder aber auch: Welchen Kunden wollen Sie in Zukunft Ihre Leistungen nicht mehr anbieten, weil sie Ihnen kaum Ertrag, aber hohe Risikopotenziale ins Haus bringen? Ansätze wie die ABC-Analyse oder das Scoring-Verfahren helfen einem Unternehmen dabei, Kunden nach ihrer zukünftigen Wertschöpfung zu segmentieren und dementsprechend Kunden herauszufiltern.

Methoden und Ansätze der Kundenanalyse

Es gibt vielfältige Methoden und Ansätze der Kundenanalyse. Im Folgenden finden Sie eine Auswahl bewährter Kundenbewertungsverfahren.

Die ABC-Analyse

Kerngedanke der ABC-Analyse ist es festzustellen, welchen Wertbeitrag Ihre Kunden leisten. Dementsprechend erfolgt eine Unterscheidung nach A-, B-, C-, und D- Kunden. A-Kunden sind Ihre Erste-Klasse-Kunden, mit denen Sie den höchsten Wert erzielen. Diese 15 Prozent Ihrer Kunden sorgen für etwa 65 Prozent Ihrer Umsätze und sollten deshalb den Großteil Ihrer Aufmerksamkeit in Anspruch nehmen. Ihre B-Kunden, mit einem Kundenwertanteil von circa 35 Prozent, wirken zwar noch wertsteigernd, aber bei weitem nicht so stark wie Ihre A-Kunden. Bedienen Sie diese Stufe kontinuierlich, aber bewusst. Ihr Kernfokus ist und bleibt Ihre A-Gruppe. 70 Prozent Ihrer Kunden sind C- und D-Kunden, mit denen sie keinen Wert erzielen, D-Kunden besitzen sogar einen negativen Kundenwert. Identifizieren und eliminieren Sie langfristig Ihre C- und D-Kunden. Nur so funktioniert Wertsteigerung.

Das Scoring-Verfahren

Scoring-Modelle erweitern den bisherigen Ansatz, indem sie auch nicht monetäre Faktoren in die Analyse einbeziehen. Bei dieser Methode werden alle Kriterien des Kundenwertes (Erlöse und Kosten, Referenzwert, Informationswert und Sicherheitswert) auf einer Skala (zum Beispiel 1 bis 3) bewertet und je nach Bedeutung gewichtet. Die Ergebnisse der Einzelkriterien werden summiert und daraus Handlungsanweisungen abgeleitet. Je höher der Wert einer Kundenbeziehung ist, desto attraktiver ist der Kunde für Sie. Für eine wertorientierte Kundensegmentierung ist dieses Verfahren aufgrund der Mitberücksichtigung von Informations-, Referenz- und Sicherheitswert besser geeignet als die ABC-Analyse.

Das Kundenportfolio

Scoring-Modell und ABC-Analyse stellen die Grundlage für die Einteilung der Kunden in Kundenportfolios dar. Das Kundenportfolio verfolgt primär zwei Ziele: Zum einen soll eine ausgewogene Kundenstruktur angestrebt werden, zum zweiten hilft es Normstrategien für Kundengruppen abzuleiten.

Anhand einer zweidimensionalen Matrix wird die Struktur und die Ausgewogenheit der Kundengruppen visuell dargestellt. In unserem Fall wird die Matrix über die beiden Achsen *Kundenattraktivität* und *relative Wettbewerbsposition* definiert. Sowohl die Kundenattraktivität als auch die Wettbewerbsposition kann in drei Ausprägungen auftauchen – gering, mittel und hoch. Daraus ergeben sich neun Matrixfelder. In welches Feld Ihr Kunde gehört hängt bei der Kundenattraktivität von Kriterien wie dem Kundenpotenzial, Serviceansprüchen, Meinungsführerschaft et cetera ab, während die Achse Wettbewerbsposition durch Faktoren wie geografische Nähe, eigener Lieferanteil, Produktimage beim Kunden et cetera bestimmt werden kann. Diese Komponenten werden im Rahmen einer Nutzwertanalyse gewichtet und zu einem Gesamturteil aufaddiert. Dadurch erhalten Sie die genaue Position des betrachteten Kunden in der Matrix.

Anhand der Position im Koordinatensystem erfolgen die Einteilung in eine der neun Kundengruppen und die Ableitung einer Kundenstrategie. Eine solche Einteilung wird in Abbildung 11 gezeigt.

Ihr absoluter *Topkunde* bevorzugt Ihr Unternehmen in jeder Hinsicht und verfügt über hohes Wachstums- und Zukunftspotenzial. Diese Kunden müssen Sie auf höchstem Niveau betreuen.

Auf den *Passivkunden* sollten Sie in jedem Fall verzichten. Merkmale sind niedrige Erfolgsaussichten, unterdurchschnittliches Wachstum zusammen mit einer geringen relativen Wettbewerbsposition.

Der *Offensivkunde* ist von höchster Attraktivität, bevorzugt jedoch gegenwärtig die Konkurrenz. Bearbeiten Sie diesen Kunden zeitlich begrenzt und aggressiv. Vielleicht wird er doch noch Stammkunde bei Ihnen.

Der *Potenzialkunde* lässt sich möglicherweise in einen *Topkunden* umwandeln. Intensivieren Sie die Kundenbeziehung kurzfristig, stellen Sie alle Aktivitäten jedoch umgehend ein, sobald Sie merken, dass Ihre Strategie wenig Erfolg versprechend ist.

Der *Aktivierungskunde* ist ein Mitläufer, bei dem Sie über eine geringe Wettbewerbsposition verfügen. Betreuen Sie diesen Kunden gezielt und investieren Sie in ihn. Vielleicht können Sie seine Position zu Ihren Gunsten verändern.

Bedienen Sie den *Standardkunden* bewusst und kontinuierlich. Dieser Sowohl-als-auch-Kunde trägt bei mittleren Erfolgsaussichten zur Kosten-

Abbildung 11: Kundenportfolio

Relative Wettbewerbspostion (Kauf- beziehungsweise Zufriedenheitskriterien) bei den Abnehmern

Attraktivität (Kundenwert) der Kunden

	GERING Abnehmer bevorzugen die Konkurrenz ↓ *Interessenten*	**MITTEL** Abnehmer bevorzugt keinen Lieferanten ↓ *Sowohl-als-auch- Kunden*	**HOCH** Abnehmer bevorzugen eigenes Unternehmen ↓ *Stammkunden*
HOCH Erfolgreicher Abnehmer mit guten Wachstums- und Zukunftspotenzialen ↓ *Aufsteiger*	**Offensivkunde** ↓ *aggressiv bearbeiten, zeitlich begrenzt investieren*	**Potenzialkunde** ↓ *gezielt bearbeiten und Kundenbindung intensivieren*	**Topkunde** ↓ *aggressiv auf höchstem Niveau betreuen*
MITTEL Abnehmer mit mittleren Erfolgsaussichten und durchschnittlichem Wachstum ↓ *Mitläufer*	**Aktivierungskunde** ↓ *gezielt betreuen und investieren*	**Standardkunde** ↓ *bewusst und kontinuierlich bedienen*	**Vorzugskunde** ↓ *bevorzugt auf hohem Niveau betreuen und fördern*
GERING Abnehmer mit geringen Erfolgsaussichten und unterdurchschnittlichem Wachstum ↓ *Verlierer*	**Passivkunde** ↓ *keine eigenen Aktivitäten*	**Gelegenheitskunde** ↓ *kostenminimiert bearbeiten*	**Abschöpfungskunde** ↓ *kostenkontrollierte Betreuung*

deckung bei. Selektive Investitionen verbessern womöglich seine Position in einzelnen Bereichen.

Beim *Vorzugskunden* verfügen Sie über eine hohe relative Wettbewerbsposition. Mittlere Erfolgsaussichten und durchschnittliches Wachstum zeichnen diesen Abnehmer derzeit aus. Durch Förderung und Betreuung auf höchstem Niveau könnte er sich jedoch zum *Topkunden* entwickeln.

Der *Gelegenheitskunde* sollte kostenminimiert bearbeitet werden. Ohne Präferenzen für einen bestimmten Lieferanten und mit geringem Kundenwert ist dieser Kunde relativ uninteressant für Sie.

Den *Abschöpfungskunden* bearbeiten Sie kostenkontrolliert. Als bevorzugter Lieferant dieses Kunden brauchen Sie in diese Kundenbeziehung nicht mehr groß zu investieren, jedoch ist das Erfolgspotenzial für die Zukunft wenig Gewinn versprechend.

Anhand der Position in der Matrix können Sie auf einen Blick feststellen, wie Ihre Kunden verteilt sind und welche Strategie Erfolg versprechend erscheint. Das Portfolio ist jedoch ein stark vereinfachtes Konzept. Indem Sie sich auf zwei Dimensionen beschränken, kann es passieren, dass andere wichtige Faktoren der Kundenbeziehung vernachlässigt werden. Das Kundenportfolio ist damit eher als Normstrategie und nicht als Patentrezept zu verstehen.

Nutzen Sie die gezeigten Methoden und Ansätze zur wertorientierten Kundensegmentierung und finden Sie heraus, welche Kunden zur Steigerung Ihres Unternehmenswertes beitragen.

Bestimmung der kaufentscheidenden Faktoren

Der Erfolg stellt sich ein, wenn wir uns auf den Engpassfaktor im Markt konzentrieren und zentrale Kundenbedürfnisse besser befriedigen als unsere Wettbewerber. Welche Wünsche haben Ihre Kunden aber eigentlich? Was sind die kaufentscheidenden Faktoren im Markt von morgen? Kaufentscheidende Faktoren können produkt- oder unternehmensspezifischer Natur sein.

- Produktspezifische Faktoren:
  - Preis
  - Betriebskosten
  - Qualität

- Design
- Service
- Marke

- Unternehmensspezifische Faktoren:
  - Kundenbindung
  - Kundenberatung
  - Termintreue
  - Lieferfähigkeit
  - Vertriebsnetz
  - Zahlungskonditionen / Kreditverkauf
  - Image
  - After-Sales-Service / Kundendienst

Die tatsächlichen Kundenwünsche weichen oft von den diesbezüglichen Vorstellungen in einem Unternehmen erheblich ab. Da jedoch nicht die Meinung des Unternehmens, sondern der Kunde den Erfolg eines Unternehmens bestimmt, ist es unerlässlich, kaufentscheidende Faktoren zu analysieren.

Allein der Wechsel der Perspektiven schafft neue Sichtweisen.

Ohne Kundenbefragungen kann es Ihnen durchaus passieren, dass Sie Kriterien falsch einschätzen oder kaufentscheidende Faktoren gänzlich übersehen. Wie Sie Ihre Kunden befragen, schriftlich oder mündlich, liegt ganz bei Ihnen. Wichtig ist nur, dass Sie die Meinung Ihrer Kunden erfassen. Unternehmensimage, Prestigefaktoren, aktuelle Mode- und Kauftrends lassen sich nun mal nicht vom grünen Tisch aus feststellen. Dazu brauchen Sie das subjektive Urteil des Konsumenten.

Dienen kommt vor dem Verdienen.

Darüber hinaus ist die Kundenbefragung die beste und unaufdringlichste Werbemaßnahme. Sie demonstrieren Ihren Kunden damit, dass deren Wünsche wichtig für Sie sind. Und damit gewinnt man Kunden.

Die Kundenzufriedenheit

Kundenzufriedenheit ist zentraler Maßstab für die vom Kunden wahrgenommene Qualität unterschiedlicher Leistungsfaktoren. Ihre Kunden werden erst dann zufrieden sein, wenn die erwartete mit der tatsächlich wahrgenommenen Leistung übereinstimmt.

Ihr Unternehmen lebt von der Zufriedenheit der Kunden.

Stellen Sie Ihre Kunden mit den angebotenen Produkten und Leistungen voll zufrieden oder noch besser, begeistern Sie sie.

Kundenzufriedenheit bedeutet, dass der Kunde wiederkommt und nicht das Produkt!

Ein zufriedener Kunde wird wieder bei Ihnen einkaufen und Sie darüber hinaus auch weiterempfehlen.

Die Wahrscheinlichkeit, dass ein zufriedener Kunde Sie weiterempfiehlt, liegt fast bei 100 Prozent.

Ganz automatisch wird dieser Kunde immer weniger auf Produkte, Marken und Werbungen der Konkurrenz achten und in Zukunft auch andere Produkte und Dienstleistungen Ihres Unternehmens in Anspruch nehmen. Ein unzufriedener Kunde hingegen wird sich nicht darauf beschränken, nicht mehr bei Ihnen einzukaufen, sondern wird darüber hinaus seine schlechten

Abbildung 12: Verfahren zur Messung der Kundenzufriedenheit

Objektive Verfahren		Subjektive Verfahren	
ohne direkte Bezugnahme auf Kundenprobleme	mit direkter Bezugnahme auf Kundenprobleme	implizite Messung	explizite Messung
• Umsatz • Marktanteil • Wiederkaufsrate • Abwanderungsrate • Zurückgewinnungsrate • etc.	• geltend gemachte Gewährleistungsansprüche • Häufigkeit des Auftretens von Produktmängeln • etc.	• Erfassung des Beschwerdeverhaltens • Ermittlung der vom Kunden wahrgenommenen Leistungsdefizite • etc.	• Messung des Erfüllungsgrades von Erwartungen • Messung der Kundenzufriedenheit durch explizite Befragung mit Zufriedenheitsskalen

Erfahrungen umfassend in seinem Bekanntenkreis weitererzählen. Es gibt sowohl objektive als auch subjektive Verfahren zur Messung der Kundenzufriedenheit.

Um sich ein tatsächliches Bild von der Kundenzufriedenheit machen zu können, müssen Sie sowohl unternehmensinterne Größen wie Marktanteil, Umsatz, Wiederkaufsrate et cetera als auch die vom Kunden subjektiv beurteilte Zufriedenheit in Ihre Betrachtungen einfließen lassen.

Analyse der Mitbewerber

Wettbewerb lässt sich kaum vermeiden. Trotzdem schenken die meisten Unternehmen ihren Mitbewerbern noch viel zu wenig Beachtung. Gerade Aussagen wie »Wer in den Spuren seines Wettbewerbers läuft, kann ihn nie überholen« tragen zu dieser Grundhaltung bei. Und dabei gilt:

Zur langfristigen Sicherung des Markterfolges ist die Analyse und Diagnose der Konkurrenz unerlässlich.

Die Analyse der Konkurrenz ist ebenso wichtig wie die Analyse der Kunden oder des eigenen Unternehmens. Ihre Aufgabe ist es, die im Markt befindlichen Wettbewerber und deren Produkte auf Stärken und Schwächen zu untersuchen. Die Mitbewerberanalyse ist Voraussetzung für die eigene Unternehmensausrichtung und damit für jedes Unternehmen unerlässlich.

Identifikation der relevanten Mitbewerber

Ziel eines jeden Unternehmens ist deshalb die Schaffung dauerhafter Wettbewerbsvorteile. Überlegenheit erreicht man jedoch nur, wenn man seine Mitbewerber genauestens analysiert.

Die Qualität der gesamten Analyse hängt ganz davon ab, inwieweit es Ihnen gelingt, Ihre relevanten Mitbewerber zu identifizieren und deren Bedeutung für Ihr Unternehmen zu beurteilen. Relevant ist dabei nicht die Anzahl der Mitbewerber, sondern vielmehr die Stärken und Kompetenzen der einzelnen Unternehmen. Konzentrieren Sie sich daher bei der Analyse Ihrer Mitbewerber nicht nur auf Ihre aktuellen Mitbewerber, sondern achten Sie vor allem auch auf Marktteilnehmer, die das Potenzial haben, zu einer großen Bedrohung zu werden.

Im Markt von morgen gewinnen nicht die Großen gegen die Kleinen, sondern die Schnellen gegen die Langsamen!

Mitbewerber von morgen können sein:

- Hersteller, die durch vertikale Integration selbst zum Händler werden können;
- bestehende Unternehmen, die Ihre Produkte durch neue Technologien substituieren können;
- Kunden und Absatzmittler, die ebenfalls in den Markt eintreten;
- Kooperationen oder Zusammenschlüsse, die den Wettbewerb neu gestalten;
- Lieferanten, welche in bisherige Märkte Ihrer Kunden diversifizieren.

Der Wettbewerb selbst kann sowohl auf der Produkt- als auch auf der Distributions-, Preis- und Kommunikationsebene stattfinden.

Die Komponenten der Mitbewerberanalyse

Die Mitbewerberanalyse hat die Aufgabe, vorhandene Ressourcen des Konkurrenten, seine Marktstellung sowie dessen verfolgte Ziele und Strategien zu analysieren.

»Das Geheimnis des Erfolgs ist es, den Standpunkt des anderen zu verstehen.« (Henry Ford)

Die Kokurrentenanalyse setzt sich aus Komponenten zusammen, die in Abbildung 13 aufgelistet sind. Ihre Aufgabe ist es zu identifizieren:

- Welche Ziele haben sich Ihre Mitbewerber für die Zukunft gesetzt? Die Kenntnis der Ziele des Mitbewerbers erlaubt Aussagen darüber, ob das Unternehmen in Zukunft einen Strategiewechsel plant.
- Welche Strategie verfolgen Ihre Mitbewerber gegenwärtig? Die gegenwärtige Strategie des Mitbewerbers lässt Rückschlüsse auf dessen zukünftige Marktbearbeitung, Positionierung, Geschäftsfelder et cetera ziehen.

Abbildung 13: Konkurrentenanalyse (In Anlehnung an: Müller-Stewens, G.; Lechner, C., 2001, Strategisches Management)

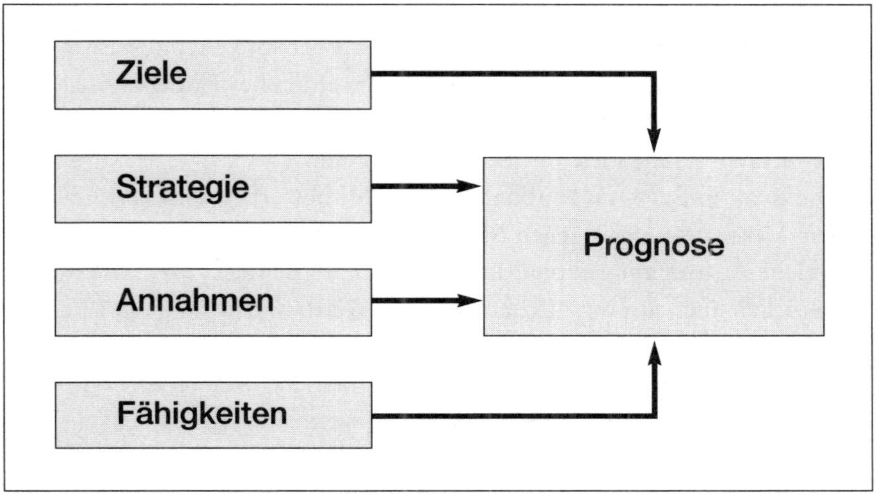

- Auf welchen Annahmen basieren die Entscheidungen Ihrer Mitbewerber?
  Hier wird analysiert, wie der Mitbewerber seine Branche und sich selbst einschätzt.
- Welche Stärken und Schwächen haben Ihre Mitbewerber?
  Die Stärken und Schwächen zeigen auf, an welchen Punkten der Mitbewerber verwundbar ist, aber auch, worin er besonders gut ist.

Die Zusammenfassung dieser Punkte sollte es nun ermöglichen, Prognosen bezüglich folgender Fragen zu treffen:

- Welche zukünftigen Ziele und Strategien Ihrer Mitbewerber sind denkbar?
- Welche Ihrer eigenen Annahmen über die Branchenentwicklung sind davon betroffen?
- Wie werden Ihre Mitbewerber auf Ihre Aktionen reagieren?
- Wie kann das Verhalten des Mitbewerbers zum eigenen Vorteil genutzt werden?

Über die Mitbewerberanalyse sind Sie in der Lage, die Position des eigenen Unternehmens abzusichern und auszubauen. Sie unterstützt Sie in folgenden Punkten:

- Erfolge Ihres eigenen Unternehmens lassen sich sicherer beurteilen, wenn die Erfolge der Mitbewerber, zum Beispiel hinsichtlich ihrer Marktanteile, bekannt sind.
- Aktivitäten und Maßnahmen der Mitbewerber sind eher absehbar. Daraus können Vorkehrungen getroffen werden beziehungsweise eigene Entscheidungen und Strategien besser geplant werden.
- Prioritäten können leichter bestimmt werden.
- Die Reaktionszeit auf Maßnahmen der Mitbewerber wird verkürzt.
- Die Motivation der eigenen Mitarbeiter wird erhöht, wenn bekannt ist, welche Anstrengungen die Mitbewerber unternehmen. Das wirkt sich natürlich auch auf die Effizienz und die Wettbewerbsfähigkeit Ihres Unternehmens aus.
- Verkaufsstrategien können optimiert werden. Sie können Ihre Mitarbeiter besser informieren und schulen, wenn Strategie, Taktik, Stärken und Schwächen der Mitbewerber bekannt sind.
- Die Position des eigenen Unternehmens kann abgesichert und ausgebaut werden.

Das Differenz-Eignungs-Profil

Mitbewerber sind Unternehmen, die sich in mindestens einem Geschäftsfeld auf denselben Marktzweck wie das eigene Unternehmen ausgerichtet haben. Im Rahmen der Konkurrenzanalyse wird daher festgestellt, welches Stärken-Schwächen-Profil der Mitbewerber im Vergleich zum eigenen Unternehmen aufweist.

Große Erfolge begründen sich immer in der Konzentration auf eigene Stärken.

Das Wissen über Stärken und Schwächen der Mitbewerber erleichtert es Ihnen, deren Potenziale, Ziele, gegenwärtige und zukünftige Strategien abzuleiten und zu beurteilen. Daraus ergibt sich für Sie sowohl die Chance, Ihre eigenen Stärken auszubauen, als auch sich dahin auszurichten, wo der Wettbewerber am schwächsten ist. Ein geeignetes Instrument, um Unterschiede zwischen Ihnen und Ihren Hauptwettbewerbern herauszuarbeiten, stellt das Differenz-Eignungs-Profil dar. Gehen Sie bei der Auswertung folgendermaßen vor:

Abbildung 14: Differenz-Eignungs-Profil

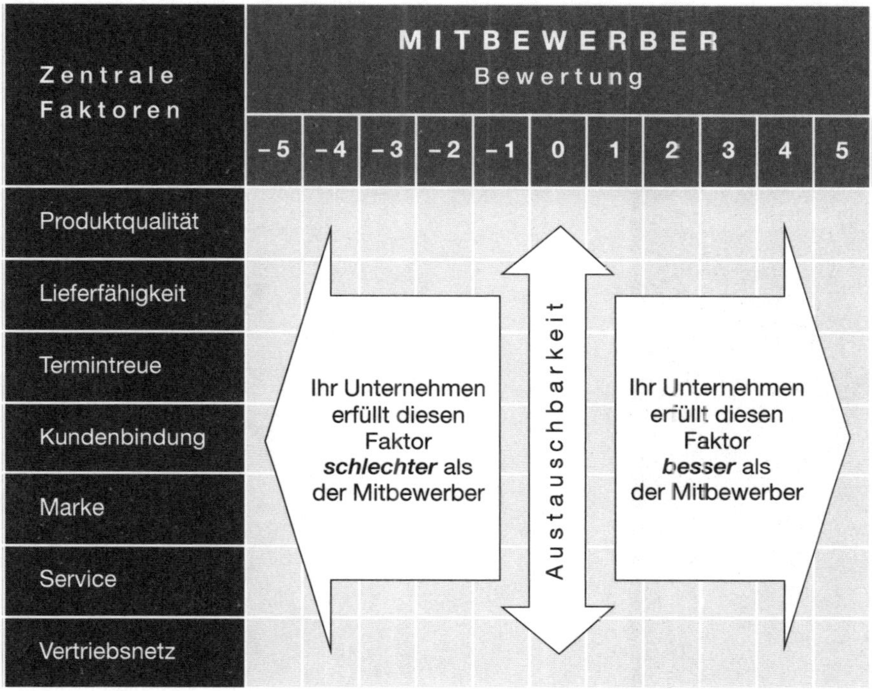

1. Definieren Sie Ihre wichtigsten Wettbewerber.
2. Bilden Sie die zentralen, das heißt kaufentscheidenden Erfolgsfaktoren aus Sicht der Kunden ab.
3. Bewerten Sie Ihre eigene Position relativ zu Ihren Mitbewerbern.

Der Mitbewerber wird immer auf der 0-Linie positioniert. Erfüllt Ihr Unternehmen den kaufentscheidenden Faktor besser als der Wettbewerb, so erfolgt die Positionierung im positiven Bereich, ansonsten im negativen Bereich. Je größer der Abstand zur 0-Linie ist, desto höher ist die Differenzierung. Eine +5 bedeutet, dass Sie einen erheblichen Wettbewerbsvorteil gegenüber dem Konkurrenten haben, Null bedeutet Austauschbarkeit und eine –5, dass Sie der Leistung des Mitbewerbers erheblich unterlegen sind.

Folgende Möglichkeiten haben Sie, um Daten zu erhalten, die neutral genug sind, um sowohl Ihre Position, wie auch die des Mitbewerbers realistisch einschätzen zu können:

Abbildung 15: Differenz-Eignungs-Profil Marktführer

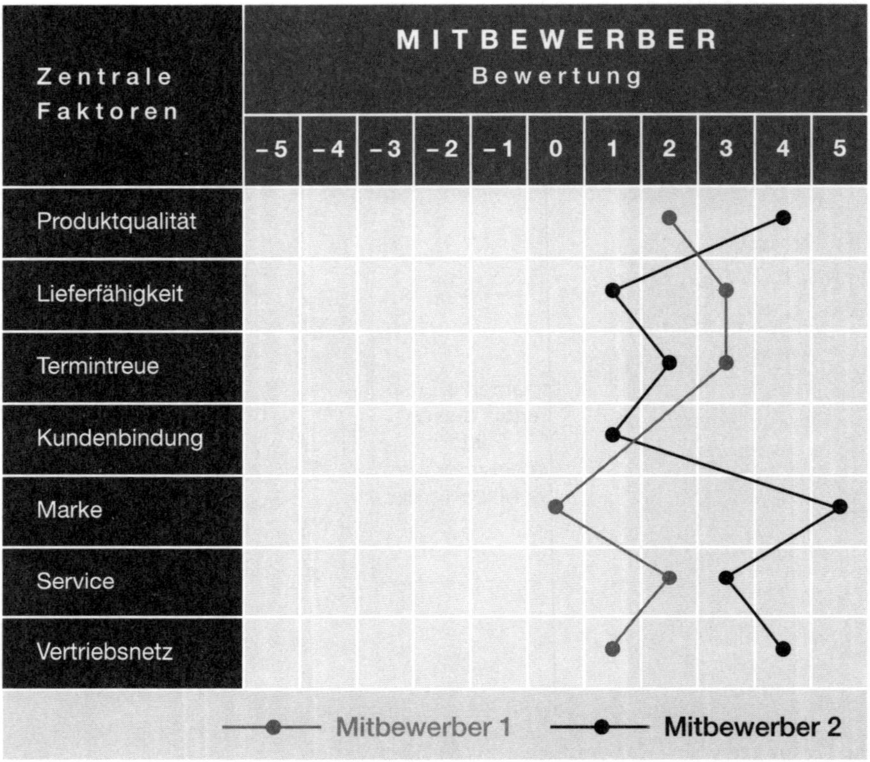

1. *Persönliche Einschätzung:* Diese sehr kostengünstige Methode lässt sich relativ leicht und schnell durchführen. Sie laufen damit jedoch Gefahr, die Situation zu subjektiv einzuschätzen.

2. *Bewertung gemeinsam mit den Mitarbeitern:* Hier gilt Gleiches wie oben – schnell, preisgünstig, subjektiv!

3. *Qualitative Interviews und/oder Gruppendiskussionen mit Kunden:* Kosten- und zeitintensiver als die beiden bisher genannten Methoden, der große Vorteil besteht darin, dass die alles entscheidende Bewertung aus Sicht der Kunden mit einfließt.

4. *Nutzung quantitativer Marktforschung:* Bei dieser Variante investieren Sie zwar mehr Geld, dafür ergänzen Sie die qualitative Vorstudie um eine

Abbildung 16: Differenz-Eignungs-Profil Austauschbarkeit

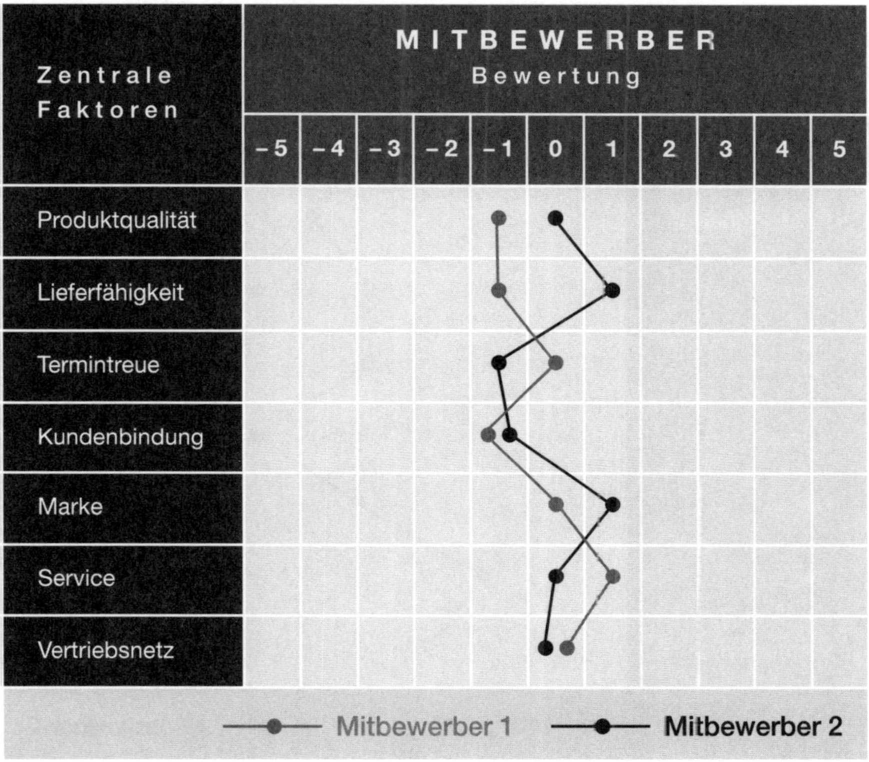

quantitative Marktforschung. Diese Vorgehensweise reduziert die Gefahr von Fehleinschätzungen, und damit die Gefahr von Fehlentscheidungen, erheblich.

Das Differenz-Eignungs-Profil ist ein hervorragendes Instrument, mehrere Mitbewerber in einer Matrix darzustellen. So lässt sich sehr übersichtlich ein Bild von der gegenwärtigen und zukünftigen Konkurrenzsituation und der eigenen Position erarbeiten.

Abbildung 17: Differenz-Eignungs-Profil Loser

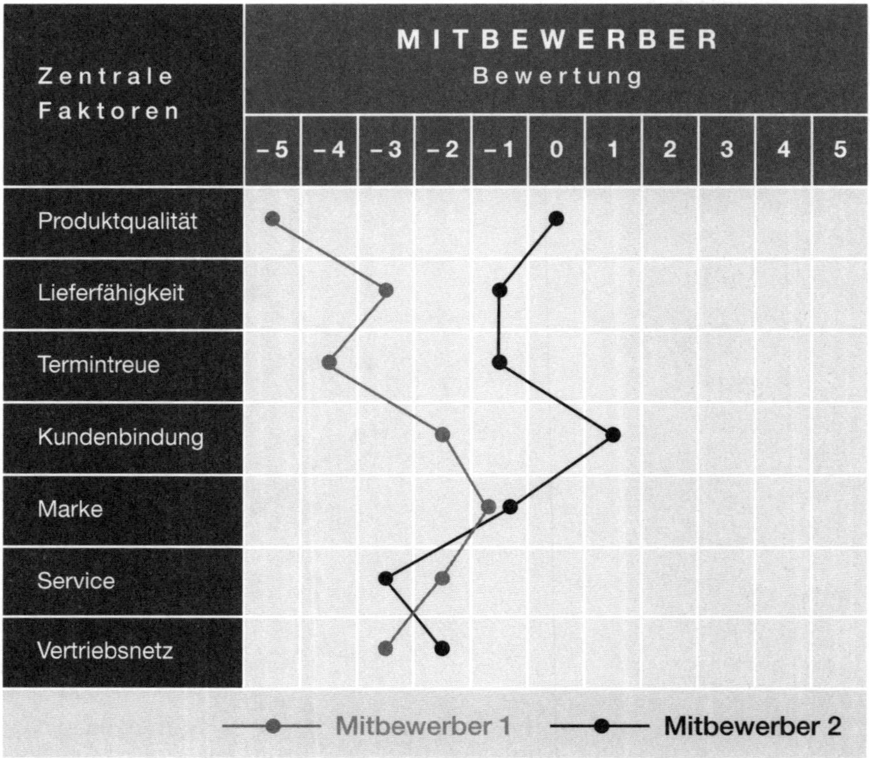

Zusammenfassung

Soziale, technologische, ökonomische und politische Veränderungen wirken sich fundamental auf die Unternehmensentwicklung aus. Vorausschauende Unternehmen analysieren und bewerten daher die für ihr Unternehmen relevanten Trends und entwickeln Trendszenarien. Auf diese Weise können Veränderungen als Chance und nicht als Bedrohung erlebt werden.

Ein wertorientiertes Kundenmanagement misst den Kundenwert nicht nur anhand von Deckungsbeiträgen, sondern betrachtet zudem Referenzwert, Informationswert und Sicherheitswert einer Kundenbeziehung.

Ziel ist es, den richtigen Kunden zu finden und langfristig an das Unternehmen zu binden.

Erfolgreiche Unternehmen differenzieren sich über relative Wettbewerbsvorteile von Ihren Mitbewerbern. Eine genaue Analyse der Mitbewerber in Bezug auf Ziele, Strategien, Prämissen und Fähigkeiten ist dabei unerlässlich. Die Analyseergebnisse sind mit ausschlaggebend für die Ausrichtung des eigenen Unternehmens.

Kapitel 4

Die Eigensituationsanalyse

In diesem Kapitel werden folgende Themen behandelt:

- Lösung der Ursachen statt der Syptome
- SWOT-Analyse als strategische Konzeption
- Steigerung des Unternehmenswertes als richtige Steuerungsgröße
- Risiko-Management als wichtiger Baustein von Unternehmensführung
- Mittelständische Unternehmen am Kapitalmarkt

Die Eigensituationsanalyse ist eine der schwierigsten Aufgaben. Sich selbst erkennen – sei es persönlich oder im Unternehmen – ist aber eine entscheidende Voraussetzung für den Erfolg.

Wer nicht weiß, wo er steht, wird kaum einen Weg zum Ziel finden!

Dass viele Unternehmen leider genau an diesem Punkt scheitern, zeigt die hohe Zahl an Insolvenzen jedes Jahr. Für die Beurteilung der eigenen Situation sind diverse interne und externe Erfolgsfaktoren ausschlaggebend. Eine Analyse, die rein auf Zahlen aus der Jahresabschlussbilanz basiert, ist bei weitem nicht ausreichend.

Eigensituationsanalyse als Gesundheitscheck für Ihr Unternehmen

Die Eigensituationsanalyse bietet die Basisinformationen für die Zukunftsgestaltung von Unternehmen. Sie ist der Ausgangspunkt jeder strategischen Unternehmensplanung.

Die meisten Unternehmer, Führungskräfte und sogar Unternehmensberater gehen symptomorientiert vor. Sie versuchen, ein Problem da zu lösen, wo es auftritt – auf der Symptomebene, anstatt auf der Ursachenebene anzusetzen. Damit ist die langfristige Problemlösung jedoch völlig unmöglich, denn Symptombehandlung verstärkt das Problem. Stellt sich die Frage: Wo liegt die Ursache? Auf diese Frage gibt es nur eine Antwort:

Die Ursache aller Probleme ist – neben der Unternehmensvision – die falsche Unternehmensstrategie.

Mit der richtigen Strategie lösen sich viele Probleme wie von selbst oder lassen sich zumindest wesentlich lösen. Mit der falschen Strategie ist es dagegen fast unmöglich, erfolgreich zu sein. Unternehmensanalysen sind mehr als nur ein Instrument zur akuten Krisenbekämpfung. Sie dienen primär der Aufdeckung »strategischer Krisen« und damit der Vermeidung akuter Ertrags- und Liquiditätskrisen. Unsere Kernfrage lautet:

»Was hält Sie am stärksten davon ab, Ihr Ziel zu erreichen?«

Mit Hilfe der Eigensituationsanalyse können Sie Ihre Leistungsfähigkeit permanent erhöhen. Nur wenn es Ihnen gelingt, die richtigen Informationen über Ihre Potenziale zu erfassen, kann Ihre Strategie erfolgreich umgesetzt werden.

»Wo die Gaben liegen, da liegen auch die Aufgaben.«

Sie werden durch die Eigensituationsanalyse immer besser in der Lage sein, Ihr Ziel – die Steigerung des Unternehmenswertes – zu erreichen.

Die SWOT-Matrix

Das Herzstück jeder strategischen Konzeption ist eine saubere Stärken-Schwächen-Chancen-Risiken-Analyse, kurz SWOT-Anaylse genannt. Anhand dieser beurteilen Sie die Potenziale und Einschränkungen Ihres Unternehmens im Vergleich zu den Mitbewerbern und betrachten dabei insbesondere zukünftige Erfolgsfaktoren. Diese Form der Eigensituationsanalyse hat das Ziel herauszufinden, inwieweit Strategie und unternehmerische Stärken und Schwächen ausreichend sind, um auf Chancen und Risiken des Marktes beziehungsweise des Umfelds zu reagieren und damit strategische Fehlentwicklungen zu vermeiden.

Nur wer seine Stärken und Schwächen kennt und sie auf die Chancen und Risiken abstimmt, kann im Wettbewerb bestehen!

Ziel ist es, Stärken und Chancen zu maximieren, Schwächen und Risiken hingegen zu minimieren, und wenn möglich sogar zu eliminieren. Die SWOT-Analyse soll folgende Fragen für die Strategieentwicklung beantworten:

1. Auf welchen wichtigen Stärken des Unternehmens kann seine Strategie aufgebaut werden?
2. Welche Schwächen müssen für die neue Strategie beseitigt werden?
3. Welche Chancen bieten sich dem Unternehmen?
4. Gegen welche Risiken muss sich das Unternehmen wappnen?

Diese vier Fragen müssen für die Perspektiven Markt/Kunde, Finanzen/Risiko, Prozesse, Mitarbeiter/Führen/Lernen beantwortet werden. Ziel ist es, nachvollziehbar beurteilen zu können, wie jede einzelne Perspektive in Ihrem Unternehmen konkret ausgeprägt ist, das heißt, welche Stärken, Schwächen, Chancen und Risiken sie bietet. Der Erfolgsfaktor *Markt/Kunde* drückt dabei aus, inwieweit es Ihrem Unternehmen gelingt, auf die Anforderungen des Marktes und speziell Ihrer Kunden zu reagieren.

Nur wenn ein Unternehmen potenzielle Kunden identifizieren, gezielt ansprechen und ihnen dann eine Leistung anbieten kann, die ihren Wünschen entspricht, kann es Gewinne erwirtschaften!

Der Erfolgsfaktor *Prozesse* drückt aus, inwieweit es Ihnen gelingt, Ihre Prozesse hinsichtlich der Dimensionen Zeit, Kosten, Qualität und Individualität zu optimieren. Überlegene Prozesse sind deshalb ein Erfolgsfaktor, weil eine solche interne Stärke dazu beiträgt, die Herstellkosten infolge einer hohen Produktivität zu senken, überlegene Qualität zu gewährleisten sowie besonders flexibel auf neue Anforderungen zu reagieren.

Qualifizierte und motivierte Mitarbeiter *stellen einen weiteren entscheidenden Erfolgsfaktor für Ihr Unternehmen dar.*

Die bestgeplantesten Maßnahmen und die ausgefeiltesten Betriebsabläufe nützen Ihnen nichts, wenn die Mitarbeiter nicht fähig und nicht willens sind, so zu arbeiten, wie es geplant wurde. Untersuchen Sie daher, wie die Faktoren Leistungsfähigkeit, Leistungsbedingungen und Leistungsbereitschaft in Ihrem Unternehmen ausgeprägt sind.

Der Erfolgsfaktor *Finanzen/Risiko* gewinnt, gerade durch die strengen Auflagen von Basel II, immer mehr an Bedeutung. Eine hohe finanzielle Stärke ist deshalb wichtig, weil dadurch Verlustphasen überbrückt und Anpassungsprozesse durchgesetzt werden können. Darüber hinaus bietet sie einen größeren Spielraum für Unternehmenswachstum und erleichtert Verhandlungen mit Kreditinstituten. Über die Beurteilung der vier genannten Perspektiven erhalten Sie eine SWOT-Matrix wie in Abbildung 18 dargestellt.

Die SWOT-Matrix dient der weiteren strategischen Ausrichtung Ihres Unternehmens. Sie lässt sich sowohl für das gesamte Unternehmen als auch für die einzelnen strategischen Geschäftseinheiten erstellen.

Um aussagekräftige Informationen zu erhalten, stehen Ihnen verschiedene Hilfsmittel zur Verfügung. Darunter fallen Bilanzen, Ratings, Kunden- und Mitarbeiterbefragungen und natürlich auch Selbsteinschätzungen. Je mehr unterschiedliche Sichtweisen Sie in Ihr Profil einbringen, desto besser können Sie natürlich Ihre Eigensituation beurteilen. Decken sich die Aussagen der verschiedenen Informationsgruppen, haben Sie eine solide Basis für die Unternehmensanalyse.

Abbildung 18: Die SWOT-Matrix

Risiken	Perspektive			
	Stärken	Schwächen	Chancen	Risiken
Markt/ Kunde				
Prozesse				
Mitarbeiter führen lernen				
Finanzen/ Risiko				

Wertorientierte Unternehmensführung

Der Erste, der den Begriff der Wertorientierung öffentlich verwendete, war Alfred Rappaport, Professor aus Harvard. Er definierte den Begriff folgendermaßen:

»Wertorientierte Unternehmenssteuerung umfasst alle Strategien und Maßnahmen, die darauf abzielen, den Unternehmenswert zu steigern!«

In den USA ist es schon seit längerem allgemeiner Konsens, die Steigerung des Unternehmenswertes als die entscheidende Steuerungsgröße bei der Führung eines Unternehmens zu betrachten. Mittlerweile hat sich dieser Maßstab auch bei uns durchgesetzt. Anstelle des aktuellen Periodengewinns wird der Wert des Unternehmens, der die gesamten Zukunftsperspektiven mit einbezieht als neuer Indikator für den Erfolg angesehen.

Der Unternehmenswert als Erfolgsmaßstab

Um Ihr Oberziel, nämlich die langfristige Erhaltung des Unternehmens, zu erreichen, müssen Sie über zwei wesentliche Faktoren verfügen:

1. (immer) ausreichende Liquididät (»never out of cash«) und
2. ausreichend hohe Vermögenswerte.

Wenn diese beiden Faktoren erfüllt sind, gibt es nur einen, der über den Fortbestand Ihres Unternehmens zu entscheiden hat: Sie selbst. Für Familienunternehmen, die naturgemäß ein hohes persönliches Interesse an der Erhaltung ihrer Unternehmung haben, stellen Liquidität (Cash Flow) und Unternehmenswert die eindeutigen Oberziele dar.

Betrachten wir diesen Zusammenhang ein bisschen akademischer. Die Erfordernis, eine am Unternehmenswert orientierte Politik zu betreiben, ergibt sich aus der Konkurrenz der Unternehmen um die knappe Ressource »Kapital«. Unternehmen, die keine adäquate Wertsteigerung generieren, werden für Investoren unattraktiv. Ihre Kreditwürdigkeit aus Sicht der Banken ist immer schlechter einzustufen, weil Banken, gerade unter den Gesichtspunkten von Basel II, zunehmend dazu übergehen, das Verhältnis von Fremdkapital zum Marktwert des Eigenkapitals (= Unternehmenswert) als

Beurteilungskriterium der Bonität heranzuziehen. Damit werden die Chancen eines nicht-wertsteigernden Unternehmens, zu investieren und zu wachsen, logischerweise stark eingeschränkt. Dementsprechend hat sich der Wert eines Unternehmens, anstelle des aktuellen Periodengewinns, zum primären Maßstab für den Unternehmenserfolg entwickelt. Er berücksichtigt neben der Kapitalrendite auch noch die Wachstumsrate eines Unternehmens.

Der Unternehmenswert ist die quantitative Bewertung des Unternehmenserfolgs, also der zukünftig zu erwartenden Zahlungsüberschüsse – unter Berücksichtigung der damit verbundenen Risiken.

In Abbildung 19 wird deutlich: Der Wert eines Unternehmens hängt von zwei unternehmensspezifischen Faktoren ab: Ertrag und Risiko. Da Kapitalgeber im Grunde risikofeindlich sind, werden sie ein risikoreicheres Unternehmen nur dann so hoch bewerten wie ein risikoärmeres, wenn die Erträge höher sind; höheres Risiko muss bezahlt werden. Damit wird das oft vernachlässigte Risiko-Management zum wichtigen Baustein einer jeden wertorientierten Unternehmensführung. Gerade für Unternehmen mit zu niedriger Eigenkapitalausstattung ist der bewusste Umgang mit Risiken von allergrößter Bedeutung. Eigenkapital ist Risikodeckungskapital, und wenn bei geringem Eigenkapital Risiken eintreten, die Verluste auslösen (Forde-

Abbildung 19: Der Unternehmenswert

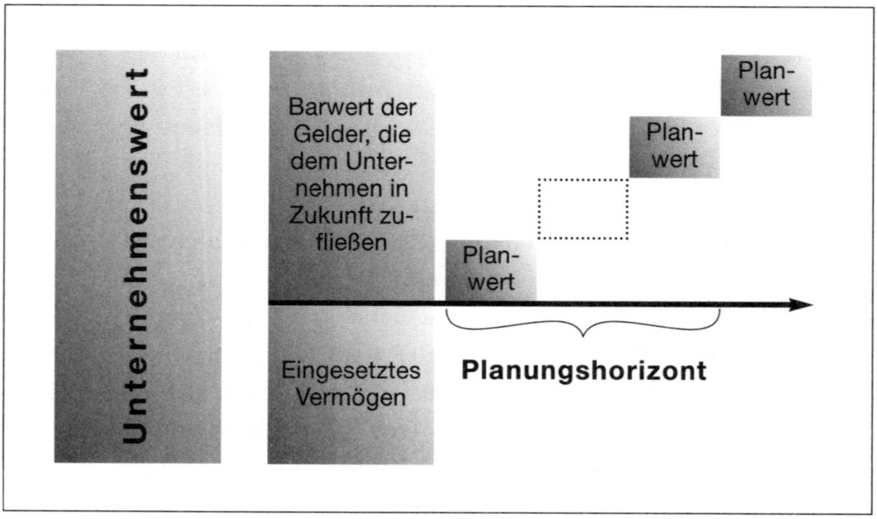

rungsausfälle, Materialpreisschwankungen, Kundenverluste et cetera), ist der Bestand des Unternehmens automatisch gefährdet. Da sich der Wert eines Unternehmens – unter Beachtung möglicher Synergieeffekte – aus den Werten der einzelnen Geschäftsfelder ergibt, ist es auch nicht akzeptabel, wenn ein Geschäftsfeld dauerhaft Wert vernichtet. Damit ein Geschäftsfeld oder eine Investition einen positiven Beitrag zum Unternehmenswert leistet, muss seine Kapitalrendite größer sein als die risikoabhängigen Kapitalkosten.

Die Rendite auf das eingesetzte Kapital muss größer sein als die Kosten des eingesetzten Kapitals!

Wenn Sie also der Gleichung »Unternehmenserfolg = nachhaltige Steigerung des Unternehmenswertes!« zustimmen, dann ergibt sich daraus für das strategische Management die folgende Konsequenz:

Alles, was in Ihrem Unternehmen geschieht, sollte den Wert des Unternehmens nachhaltig steigern!

Grundsätzlich zeigen sich drei maßgebliche Hebel zur Steigerung des Unternehmenswertes (beziehungsweise zur Steigerung des Wertes einer Geschäftseinheit), die so genannten Werttreiber:

- Umsatzwachstum
- Steigerung der Rentabilität
- Reduzierung des Risikos

Zwischen den Werttreibern besteht folgender Zusammenhang:

1. Wachstum schafft Wert, bei positiver Ausprägung der Werttreiber Rendite und Risiko (das heißt Kapitalrendite > Kapitalkosten).
2. Wer Wert schafft, verfügt über interne Finanzierungsspielräume und kann externes Kapital anziehen.
3. Wer Kapital anzieht, kann investieren.
4. Wer investiert, kann wachsen.

Im Rahmen des wertorientierten Managements werden alle unternehmerischen Aktivitäten konsequent auf den Unternehmenswert bezogen. Ist dies nicht möglich, muss zumindest ein Vermutungszusammenhang zwischen den geplanten Maßnahmen und dem zukünftigen Mehrwert formuliert werden. Vergessen Sie niemals: Verdient Ihr Unternehmen weniger als seine

Abbildung 20: Determinanten des Unternehmenswertes

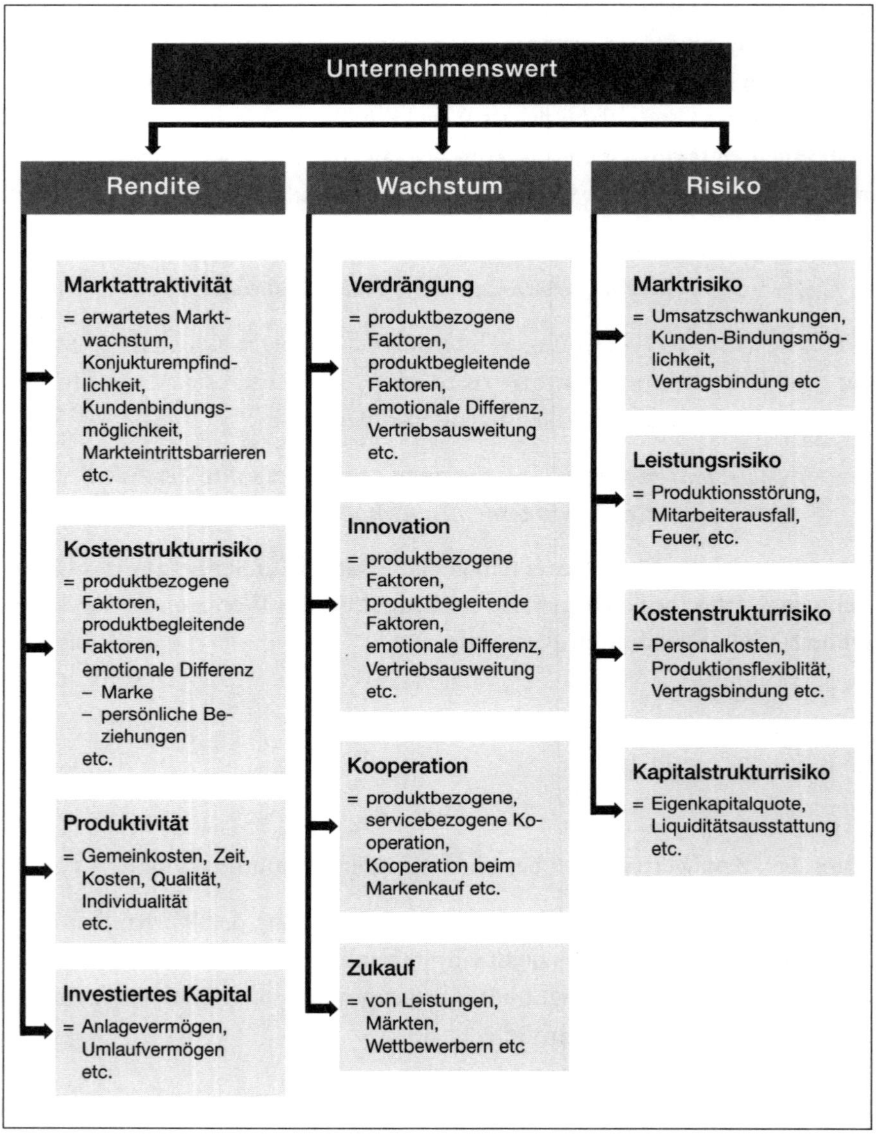

Kapitalkosten, vernichtet es bereits Wert. Mit anderen Worten: Wertvernichtung beginnt lange, bevor Verluste auftreten!

Kennzahlen zur wertorientierten Unternehmensführung sollen sicherstellen, dass in allen Unternehmensbereichen eine Mindestrendite erzielt wird, die dem Risiko des jeweiligen Geschäftsfeldes entspricht. Die knappen Mittel sind dauerhaft nur den operativen Einheiten zur Verfügung zu stellen, die diesen Ansprüchen gerecht werden. Geschäftsfelder, die diesen Ansprüchen auf längere Sicht nicht genügen, sind umzustrukturieren, und wenn das nicht möglich ist, zu eliminieren. Oberste Zielsetzung muss die nachhaltige und langfristige Steigerung des Unternehmenswertes sein.

Von einem langfristigen Wertzuwachs profitieren alle Beteiligten:

- Die Mitarbeiter haben einen sicheren, zukunftsfähigen Arbeitsplatz.
- Die Kunden haben einen starken, verlässlichen Partner.
- Lieferanten bekommen Aufträge ohne Ausfallrisiko.
- Die Banken können Kredite ausgeben, ohne Wertberichtigungen befürchten zu müssen.
- Die öffentliche Hand partizipiert (unter anderem durch Steuerzahlungen).
- Die Gesellschafter verdienen angemessen (im Verhältnis zum Kapitalrisiko) und haben Lust auf Zukunfts-Investitionen.

Damit schafft der Unternehmenswert für fast alle Beteiligten (Stakeholder) großen Nutzen. Der Unterschied unseres Ansatzes im Vergleich zu einem reinen Shareholder-Value liegt auf der Hand. Die (Umsatz-) Wachstumsrate (w) beschreibt den Werttreiber »Wachstum«. Sie zeigt, inwieweit das Unternehmen in der Lage ist, an einem Nachfragewachstum zu partizipieren und den Marktanteil zu verbessern.

$$\textbf{Wachstum (w)} = \frac{\text{Umsatz}_t}{\text{Umsatz}_{t-l}} - 1$$

Es gibt drei Arten von Wachstum:

- qualitatives Wachstum,
- quantitatives Wachstum,
- preisbedingtes Wachstum.

Häufig wird das inflationsbedingte Wachstum mit der Verbesserung der Marktanteile gleichgesetzt. Dabei wird nicht berücksichtigt, dass sich bei einem Wachstum über den Preis zwar der Umsatz, nicht aber die Marktstellung verbessert. Ein tatsächliches Wachstum findet also nicht statt. Der Werttreiber »Rentabilität« zeigt die Effizienz des Kapitaleinsatzes im Unternehmen. Er lässt sich über verschiedene Kennzahlen operationalisieren. Die Gesamtkapitalrendite errechnet sich über folgende Formel:

$$\text{Gesamtkapitalrendite} = \frac{\text{Jahresüberschuss} + \text{Fremdkapitalzinsen}}{\text{Ø Gesamtkapital}}$$

Als durchschnittliches Gesamtkapital wird dabei der Durchschnitt der Bilanzsumme am Anfang und am Ende des Untersuchungszeitraumes angesetzt. Häufig wird auch der Return-on-Capital-Employed (ROCE) als Rentabilitätsmaß herangezogen. Er errechnet sich als Produkt aus EBIT-Marge und Kapitalumschlag.

$$\text{ROCE} = \text{EBIT-Marge} \times \text{KU} = \frac{\text{EBIT}}{\text{Umsatz}} \times \frac{\text{Umsatz}}{\text{CE}} = \frac{\text{EBIT}}{\text{CE}}$$

EBIT	=	Ertrag vor Zinsen und Steuern
EBIT-Marge	=	EBIT/Umsatz
CE	=	gebundenes Kapital
KU	=	Kapitalumschlag

Mit Hilfe von Risikoaggregationsverfahren werden aus den Risiken eines Unternehmens die erforderlichen Kapitalkosten abgeleitet. Damit wird das tatsächliche, individuelle Risikoprofil eines Unternehmens für die Bestimmung der Kapitalkosten herangezogen. Aus den aggregierten Risiken ergibt sich der Eigenkapitalbedarf zur Abdeckung von möglichen Verlusten, der bei der Berechnung der Gesamtkapitalkosten genutzt wird. Anstelle von Kapitalkosten spricht man auch von »weighted average cost of capital«, kurz »WACC«.

$$\text{WACC} = (1 - \text{Steuersatz}) \times \frac{\text{Fremdkapital}}{\text{Gesamtkapital}} \times \text{Fremdkapitalkosten} \times \frac{\text{Eigenkapital}}{\text{Eigenkapital}} \times \text{Eigenkapitalkosten}$$

Die Fremdkapitalkosten bezeichnen den Darlehenszinssatz, die Eigenkapitalkosten die Opportunitätskosten. Über den Steuersatz s werden die steuerlichen Vorteile des Fremdkapitals erfasst. Die Anteile an Eigenkapital und Fremdkapital sind jeweils mit ihrem Marktwert – nicht dem Bilanzwert – zu gewichten. Der Eigenkapitalbedarf ist abhängig vom Risiko eines Geschäftsfeldes, das heißt, je risikoreicher ein Geschäftsfeld ist, desto stärker muss es durch Eigenkapital unterlegt werden. Eine Möglichkeit der Bestimmung der Eigenkapitalkosten bietet das »Capital-Asset-Pricing-Modell« (CAP-Modell) von William Sharpe:

$$K_{EK} = r_0 + (r_m - r_0) \times ß$$

K_{EK}	=	Eigenkapitalkosten
r_0	=	risikoloser Zinssatz
r_m	=	durchschnittlicher Marktzins für riskante Kapitalanlagen (zum Beispiel Aktien)
$(r_m - r_0)$	=	allgemeiner Risikozuschlag für Eigenkapital
ß	=	systematisches Risiko

»ß« ist Ausdruck für das »systematische Risiko«, also die Wirkungen allgemeiner, nicht unternehmensspezifischer Einflüsse auf die Rentabilität (wie Konjunktur- und Zinsentwicklung). Dabei bedeutet:

ß = 0: kein systematisches Risiko
ß = 3: durchschnittliches Risiko
ß = 5: sehr hohes Risiko

Welche Ausprägung das systematische Risiko in Ihrem Unternehmen hat, können Sie wie in Abbildung 21 gezeigt bestimmen.

Abbildung 21: Bestimmung des systematischen Risikos (in Anlehnung an *eine Systematisierung der Boston Consulting Group*)

KRITERIEN	AUSPRÄGUNG		
	Geringes Risiko	1 2 3 4 5	Hohes Risiko
• Kontrolle	• Geringe externe Renditeeinflüsse		• Starke externe Renditeeinflüsse
• Markt	• Stabil, ohne Zyklen		• Dynamisch, viele Zyklen
• Wettbewerb	• Wenig konstante Marktanteile		• Viele variable Marktanteile
• Produkte/Konzept	• Langer Lebenszyklus, nicht substituierbar		• Kurzer Lebenszyklus, leicht substituierbar
• Markteintrittsbarrieren	• hoch		• niedrig
Durchschnitt			
		ß	

Gemäß des CAP-Modells ist nur diese Risikokomponente relevant, weil sie nicht durch Diversifikation – also die Zusammenfassung verschiedener Projekte beziehungsweise Anlagen in einem Pool – zu beseitigen ist. Die Variable r_0 bezeichnet den risikolosen Zinssatz, der sich beispielsweise durch die Rendite von Bundesanleihen abschätzen lässt; r_m ist der durchschnittliche Marktzins für riskante Kapitalanlagen wie Aktien.

Warum muss Eigenkapital immer teurer sein als Fremdkapital? Wenn Sie bei der Bank ein mittel- bis langfristiges Darlehen aufnehmen, werden Sie dafür je nach Währung, Bonität, Sicherheit, Branche et cetera zwischen 5 bis 10 Prozent Zins bezahlen müssen. Für das benötigte Kapital gilt zunächst als Basiszinssatz die Höhe einer risikolosen Anlage (in unserem Fall r_0). Da Anleger höhere Risiken jedoch nur in Kauf nehmen, wenn sie eine höhere Rendite erwarten, wird diesem Wert ein Risikozuschlag für das eingegangene Risiko hinzugefügt.

Die Berechnung des Unternehmenswertes und Wertbeitragsmodelle

Es gibt verschiedene Anlässe zur Durchführung einer Unternehmensbewertung:

1. Ermittlung des fairen Preises beim Kauf/Verkauf Ihres Unternehmens oder eines Unternehmensteils (Finanzinvestition);
2. Beurteilung der absoluten und relativen Vorteilhaftigkeit von Investitionsmaßnahmen (Realinvestition);
3. strategische Erfolgskontrolle.

Wertorientierte Systeme erfordern zwangsläufig eine klare Fixierung des Erfolgsmaßstabs, also des Unternehmenswertes. Es gibt vielfältige Methoden, um den Unternehmenswert als Ganzes oder den Wertbeitrag einer Periode zu bestimmen. Der »richtige« Wertmaßstab hängt dabei oft davon ab, auf welche Fragestellung man ihn anwenden möchte. So wird für Sie bei der Beurteilung des möglichen Rückzugs aus einem Geschäftsfeld (Liquidation) naheliegenderweise der erzielbare Liquidationsgewinn ausschlaggebend sein, während bei der Beurteilung von Investitionsmaßnahmen zukünftige Erträge eine maßgebliche Rolle spielen.

Die Ansätze zur Berechnung des gesamten Unternehmenswertes orientieren sich an der Umsetzbarkeit in der Praxis. Dabei werden insbesondere betriebswirtschaftlich aussagekräftige Größen, sowie unter Risikogesichtspunkten berechnete Kapitalkostensätze herangezogen. Zur Ermittlung des Unternehmenswertes eignen sich dann, je nach Zielsetzung des Unternehmens, unterschiedliche methodische Ansätze.

Theoretisch ist der beste Ansatz zur Berechung des Unternehmenswertes die »Discounted-Free-Cash-Flow-Methode« (DfCF). Darunter versteht man die Summe der mit den erwarteten Kapitalkosten diskontierten freien Cash Flows, abzüglich des Werts des Fremdkapitals.

$$UW = \sum_{t=1}^{\infty} \frac{fCF_t}{(1 + WACC_t)t} - FK_0$$

UW = Unternehmenswert
fCF_t = freie Cash Flows zur Periode t
FK_0 = Fremdkapital zum gegenwärtigen Zeitpunkt
$WACC$ = durchschnittliche Kapitalkosten

Im Gegensatz zu anderen Maßstäben lässt der Discounted-Cash-Flow, durch eine langfristige Betrachtung der erwarteten Zukunft des Unternehmens, keine kurzfristigen Fehlsteuerungen zu. Grundlage der Bestimmung des Unternehmenswertes ist die geplante Unternehmensentwicklung der nächsten Jahre, insbesondere die zukünftigen freien Cash Flows. Der Discounted-Cash-Flow erfüllt alle Anforderungen an einen harten Maßstab für die Beurteilung des Erfolgs eines Unternehmens. Er ist buchhalterisch nur schwer zu beeinflussen und zeigt die zukünftigen Wertpotenziale im Sinne der abgezinsten freien Liquidität auf. Hohe Risiken werden jedoch in erheblichen Schwankungsbreiten der zukünftigen freien Cash Flows deutlich. Das statische Ertragswertmodell ist eine weitere Methode, den Unternehmenswert zu berechnen. Beträgt die Wachstumsrate w = 0, so vereinfacht sich die DCF-Formel folgendermaßen:

$$UW_{stat} = \frac{EBIT \times (1 - s)}{WACC} - FK_0$$

UW_{stat} = statischer Unternehmenswert
$EBIT$ = Betriebsergebnis
s = Steuersatz
$WACC$ = durchschnittliche Kapitalkosten
FK_0 = Fremdkapitalkosten zum gegenwärtigen Zeitpunkt

Mit EBIT x (1−s) wird impliziert, dass keine Erweiterungsinvestitionen in das gebundene Kapital (= Anlagevermögen + Umlaufvermögen – Verbindlichkeiten aus Lieferungen und Leistung) stattfinden. Aufgrund der Annahme, dass kein Wachstum stattfindet, ist dieses Modell für Unternehmensstrategien jedoch relativ ungeeignet. Im Rahmen der Unternehmenswertbetrachtung wurde bislang davon ausgegangen, dass die Wachstumsrate entweder konstant oder gleich 0 ist. Unterstellt man jedoch zwei unterschiedliche

Wachstumsphasen, dann sollte ein zweistufiger Ansatz zur Berechnung des Unternehmenswertes herangezogen werden.

Das Zwei-Phasen-Wachstums-Modell geht davon aus, dass die anfängliche Wachstumsrate des Unternehmens (w_0) im Zeitraum T kontinuierlich auf die auf die volkswirtschaftliche Wachstumsrate (w_k) absinkt. Damit ergibt sich der Unternehmenswert als der Wert der diskontierten freien Cash Flows in der Wachstumsphase und der nachfolgenden Periode mit konstantem wirtschaftlichen Wachstum w_k:

$$UW = \sum_{t=0}^{T} \frac{fCF}{(1 + WACC)^t} + \frac{fCF_{T+1}}{(WACC - w_k)\,(1 + WACC)^{T+1}} - FK_0$$

UW	=	Unternehmenswert
fCF	=	freier Cash Flow
FK_m	=	Marktwert des Fremdkapitals
WACC	=	durchschnittliche Kapitalkosten
w_k	=	langfristige volkswirtschaftliche Wachstumsrate
t	=	Anfang des Betrachtungszeitraums
T	=	Zeitraum (zum Beispiel 10 Jahre)

Der so errechnete Unternehmenswert ist die Basis der Bewertung von Strategiealternativen. Der große Vorteil dieses Modells liegt darin, dass es das Wachstum erfassen kann und sich am Free-Cash-Flow orientiert. Jedoch ist mit der Anwendung ein enormer Aufwand und eine Vielzahl von Annahmen verbunden. Die Berechnung des Unternehmenswertes ist – trotz aller vereinfachenden Annahmen über die Entwicklung der Werttreiber – noch immer ziemlich komplex und damit schwierig kommunizierbar. In der Praxis tendiert man deshalb eher dazu, für die Beurteilung des Erfolgs einer Periode den Wertbeitrag zu verwenden, der – anders als der Unternehmenswert – nur tatsächlich realisierte (keine prognostizierten) Informationen nutzt. Damit ein Geschäftsfeld oder eine Investition einen positiven Beitrag zum Unternehmenswert erwirtschaftet, ist es erforderlich, dass seine Kapitalrendite größer ist als sein risikoabhängiger Kapitalkostensatz. Verschiedene Wertbeitragsmodelle unterstützen Sie dabei, den Wertbeitrag einer Periode festzustellen.

Der Wertgewinn einer Periode lässt sich etwa mit dem »Economic-Value-Added« (EVA) angeben. Er errechnet sich, indem man vom Betriebsergebnis (EBIT) die Kapitalbindung (CE) zum Kapitalkostensatz (WACC) subtrahiert.

EVA = EBIT – (CE x WACC)

EVA = Economic-Value-Added
EBIT = Betriebsergebnis
CE = gebundenes Kapital
WACC = durchschnittliche Kapitalkosten

Kritiker bemängeln den EVA-Ansatz, da lediglich eine einperiodige Ex-post-Betrachtung des Gewinns stattfindet, der Zeitwert der Einnahmen ebenso wie der Restwert am Ende der Planungsperiode keinerlei Berücksichtigung findet, der EBIT leicht manipulierbar ist und die Kapitalstruktur des Unternehmens und die damit verbundenen Risiken nicht berücksichtigt werden. Trotz all dieser Nachteile ist EVA eine sinnvolle Methode, um den Wertbeitrag einer Periode darzustellen. Sehr eng verwandt mit EVA ist das Cash-Value-Added (CVA)-Modell.

CVA = fCF – (CE x WACC)

CVA = Cash-Value-Added
fCF = freier Cash Flow
CE = gebundenes Kapital
WACC = durchschnittliche Kapitalkosten

Anstelle des EBIT wird der freie Cash Flow der Periode verwendet. Der große Vorteil gegenüber dem EVA-Modell liegt darin, dass der Free-Cash-Flow buchhalterisch schwer manipulierbar ist und über ihn die Komponente »Wachstum«, wenn auch nur mit einer konstanten Wachstumsrate, mit einfließt. Diese Komponente kann jedoch auch starke Zufallsschwankungen verursachen.

Ein Modell, das dem EVA-Modell inhaltlich sehr nahe kommt, ist das Wertbeitragsmodell. Dieser Ansatz verwendet zur Berechnung des Erfolgs eines Unternehmens die Differenz zwischen der Eigenkapitalrendite und den Kapitalkosten (= Spread). Diese Differenz wird mit dem eingesetzten Kapital multipliziert. Daraus ergibt sich der Wertbeitrag. Erwirtschaftet ein Geschäftsfeld einen negativen Spread, vernichtet es Wert. Es ist zwar in der Lage, die Kapitalkosten zu decken, nicht jedoch einen Mehrwert zu generieren. Damit berücksichtigt der Ansatz explizit die Opportunitätskosten einer Investition.

WB = CE x (ROCE – WACC)

WB	=	Wertbeitrag
CE	=	gebundenes Kapital
ROCE	=	Kapitalrendite
WACC	=	durchschnittliche Kapitalkosten

Wertbeitrag entsteht dann, wenn die Kapitalrendite (ROCE) größer ist als die risikoabhängigen Kapitalkosten. Ebenso logisch nachvollziehbar wie das EVA-Modell weist auch dieser Ansatz die oben erwähnten Nachteile auf. Das Wirtschaftsprüfungs- und Beratungsunternehmen KPMG hat in Zusammenarbeit mit der Universität Frankfurt die Kennzahl ERIC (»Earnings less riskfree Interest Charge«) entwickelt.

ERIC = Gewinn vor Zinsen nach Steuern – risikofreier Zins x investiertes Kapital

Dieser Wert unterscheidet sich zum Beispiel von EVA im Wesentlichen durch die Art und Weise, wie die Kapitalkosten berechnet beziehungsweise das Risiko berücksichtigt wird. Die Kapitalkosten, also die Kosten für Eigen- und Fremdkapital, werden bei den Kennzahlenkonzepten vom Gewinn vor Zinsen abgezogen. Bei ERIC wird nun der risikofreie Zinssatz (wie für Bundesschatzbriefe) angesetzt, während ansonsten allgemein risikoangepasste Zinssätze verwendet werden. Es versteht sich von selbst, dass je nach Berechnungsansatz weitreichende Unterschiede in der Unternehmensbewertung entstehen können.

Beide Ansätze haben natürlich ihre Befürworter. ERIC gibt Auskunft darüber, inwieweit es einem Unternehmen mit dem von den Aktionären zur Verfügung gestellten Kapital gelungen ist, einen Gewinn zu erwirtschaften, der größer ist als das Ergebnis einer Anlage desselben Kapitals in festverzinslichen Wertpapieren. Wert wird aus Aktionärssicht dann geschaffen, wenn das Unternehmen mehr verdient als eine risikolose Alternativanlage. Bei herkömmlichen Modellen wie EVA hingegen wird der erzielte Gewinn mit dem den Risiken des Unternehmens entsprechenden Kapitalkostensatz verglichen. Hier liegt die Messlatte natürlich sehr viel höher, weshalb häufig der Fall eintreten wird, dass Unternehmen nach EVA Wert vernichten und nach ERIC Wert schaffen.

Ob ein Unternehmen nach ERIC Wert schafft, hängt von der Höhe des eingesetzten Kapitals ab. Während der risikofreie Zins teilweise unter 4 Prozent liegt, erreicht man bei einem risikoangepassten Gesamtkapitalkostenansatz bis zu 10 Prozent. Beide Ansätze haben etwas für sich, wobei für ERIC spricht, dass hier eine realistischere Zielfunktion aufgebaut wird. Darüber hinaus werden hier Manager wesentlich eher geneigt sein, Investitionen zu tätigen, die hohes Eigenkapital erfordern, als sie dies tun würden, wenn sie einen anderen Maßstab wählen würden. Der Nachteil von ERIC liegt in der Ausgrenzung des Risikos und letztendlich in der Tatsache begründet, dass die Unternehmenswelt nach einem einheitlichen Maßstab ruft, und allein schon aufgrund der faktischen Verbreitung von EVA und DfCF wird es diese neue Kennzahl sehr schwer haben, ihren Platz in der Kennzahlenwelt des Unternehmenswertes zu erobern.

Wertbeitragsmodelle stellen einen einfachen Maßstab zur Berechnung des Wertbeitrags einer Periode dar, der allen Ebenen im Unternehmen zugänglich und damit leichter kommunizierbar als der Unternehmenswert ist. Darüber hinaus basieren diese Modelle nicht auf Prognosewerten, sondern primär auf unstrittigen Ist-Werten. Grundsätzlich sollten sie aber nicht als Alternative, sondern lediglich als Ergänzung zur Berechnung des Unternehmenswertes verwendet werden.

Eine rechtlich-verbindliche Bestimmung für den Unternehmenswert gibt es nicht. Für jedes in der Praxis handhabbare System muss man nur einen geeigneten Kompromiss zwischen der effizienten Anwendung einerseits und der methodischen Präzision andererseits finden. Für welches Modell Sie sich letztendlich entscheiden, liegt ganz bei Ihnen.

Die Werttreiber-Matrix

Die Werttreiber-Matrix ist ein Instrument, um strategische Geschäftsfelder auf ihren wirtschaftlichen Erfolg hin zu untersuchen. Über eine Optimierung des Portfolios ist eine Steigerung des Unternehmenswertes möglich. Auf der Ebene der Portfoliostrategien geht es darum zu entscheiden

- welche strategischen Geschäftseinheiten gefördert oder ausgebaut werden sollen,
- bei welchen ein Abziehen von Finanzmittelüberschüssen (Free-Cash-Flows) sinnvoll ist,
- welche durch Verkauf oder Schließung kurzfristig aus dem Portfolio eliminiert werden sollen.

Ziel der Portfolio-Betrachtung ist es, Sie bei der Beurteilung der grundsätzlichen Marktpotentiale bestehender oder zukünftiger Geschäftsfelder zu unterstützen. Dies wird in Abbildung 22 verdeutlicht.

Abbildung 22: Werttreiber-Matrix

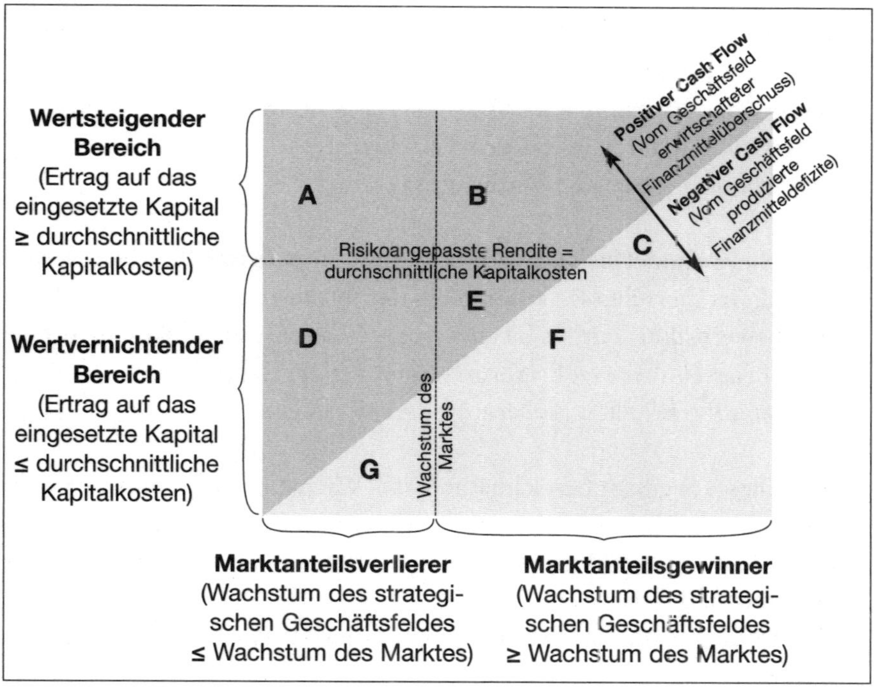

Die Positionierung der einzelnen Geschäftsfelder wird anhand der Werttreiber, Kapitalrendite (ROCE), Kapitalkostensatz (WACC, indirekt also Risikoumfang) und Umsatzwachstum vorgenommen. Daraus lässt sich unmittelbar ableiten, ob ein Geschäftsfeld in der betrachteten Periode einen Wertbeitrag erwirtschaftet oder nicht. Ein Geschäftsfeld trägt dann zur Wertsteigerung bei, wenn die Kapitalrendite höher ist als die risikoabhängigen Kapitalkosten. Befindet sich die Rendite Ihres Geschäftsfeldes über der risikoangepassten Rendite, wird Wert geschaffen, unterhalb der Linie wird Wert vernichtet. Um aufzuzeigen, ob ein Bereich Marktanteile gewinnt oder nicht, ist ein Vergleich der Wachstumsrate des Geschäftsfeldes mit der eingezeichneten Marktwachstumsrate sinnvoll. Ist Ihr Geschäftsfeld links von der Marktwachstumsrate positioniert, wächst es langsamer als der Markt, rechts davon schneller. Die »Cash-Linie« gibt Aufschluss darüber, ob ein Geschäftsfeld einen positiven (grau schraffiertes Feld) oder einen negativen Cash Flow erwirtschaftet. Befindet sich die Rendite Ihres Geschäftsfeldes über der risikoangepassten Rendite, wird Wert geschaffen, unterhalb der Linie wird Wert vernichtet. Die einzelnen Felder lassen sich wie folgt interpretieren:

Feld A: Das Geschäftsfeld generiert derzeit einen positiven Wertbeitrag. Obwohl Finanzmittelüberschüsse (Cash Flows) erwirtschaftet werden, verliert das Geschäftsfeld Marktanteile. Die relative Kostenposition könnte sich dadurch in Zukunft verschlechtern.
Empfehlung: Setzten Sie Wachstumsakzente!

Feld B: Hier befindet sich die Idealposition. Ein positiver Wertbeitrag und Liquiditätsüberschüsse, zusammen mit Wachstum, zeigen eine hohe Wettbewerbsfähigkeit. Es bietet sich die Chance, weitere Kostenvorteile (zum Beispiel über den Erfahrungskurveneffekt) zu erlangen.
Empfehlung: Erhalten, sichern, weiterentwickeln!

Feld C: Dieses Segment bezeichnet man als Wachstumsfalle. Obwohl Wert geschaffen wird, sorgt das zu starke Wachstum für negative Cash Flows. Die Erhaltung der Marktposition erfordert mehr Investitionen als das Geschäftsfeld freisetzt.
Empfehlung: Über eine Preissteigerung kann das Wachstum verlangsamt werden.

Feld D: Hier wird Wert vernichtet, obwohl noch Liquiditätsüberschuss frei wird. Ein unterdurchschnittliches Wachstum deutet auf eine schwache Wettbewerbsposition hin.
Empfehlung: Suchen Sie nach Kostensenkungspotenzialen und erhöhen Sie unter keinen Umständen die Preise.

Feld E: Diese Position bezeichnet man als Gewinnfalle. Trotz positiver Cash Flows und Marktanteilsgewinnen wird Wert vernichtet.
Empfehlung: Über eine Senkung der Kapitalkosten können Sie den Wertbeitrag dieses Geschäftsfeldes verbessern.

Feld F: Hier zeigt sich die klassische Positionierung von Start-ups am Neuen Markt. Hohes Wachstum geht einher mit einem negativen Wertbeitrag und negativen freien Cash Flows.
Empfehlung: Für eine dauerhafte Positionierung ist dieses Feld nicht geeignet. Überlegen Sie sich, ob ein Ausstieg aus diesem Geschäftsfeld nicht sinnvoller ist.

Feld G: Zunehmende Marktanteilsverluste in Verbindung mit einer zu geringen Rendite sorgen dafür, dass negative Cash Flows erwirtschaftet werden.
Empfehlung: Überlegen Sie sich einen sofortigen Ausstieg aus diesem Geschäftsfeld. Berücksichtigen Sie dabei jedoch mögliche Synergieeffekte mit anderen Geschäftsfeldern.

Mit Hilfe der Werttreiber-Matrix können Sie den Wertbeitrag, den Liquiditätszufluss und das Marktwachstum der einzelnen Geschäftsfelder beurteilen. Sie ist daher eine gute Bezugsbasis für eine wertorientierte Unternehmenssteuerung.

Mittelständische Unternehmen im Kapitalmarkt

Der Markt für privates Kapital (Private Equity) und der für Risikokapital (Venture Capital) ist ein sehr vitaler Markt. Es wird in immer stärkerem Umfang versucht, kleineren und mittleren Unternehmen einen einfacheren

Zugang zum Kapitalmarkt zu bieten. Man kann fast von einem Paradigmenwechsel sprechen: Wir befinden uns inmitten eines starken Wandels vom lokalen zum europäischen Kapitalmarkt, der begleitet wird von einem großflächigen Übergang von der Bankenfinanzierung hin zur Kapitalmarktfinanzierung. Es gibt einen wachsenden Zugang zu neuen Finanzierungsformen, in denen Fonds, institutionelle Kapitalmarktteilnehmer, aber auch intermediäre Verleger an Bedeutung gewinnen. Auch wenn noch immer nicht offiziell verabschiedet, wurden die »Ratings« zur Kapitalmarktsprache erhoben, so dass die Gewichte von Ratings deutlich zunehmen.

Gleichzeit lässt die Bedeutung der Fremdfinanzierung über klassische Bankdarlehen, die die wirtschaftliche Entwicklung der deutschen Wirtschaft in den letzten Jahrzehnten finanziert hat, in spürbarem Umfang nach. Die Nettokreditvergabe der deutschen Kreditwirtschaft im Bereich der Unternehmensfinanzierung ist in den letzten Jahren rückläufig, das heißt es werden mehr Mittel über Tilgungen zurückgeführt als durch Neukreditvergabe der deutschen Wirtschaft zur Verfügung gestellt. Viele Kreditinstitute befinden sich in einer strategischen Krise.

Der ganze Finanzbereich ist im zunehmend globalen Kapitalmarkt von einem heftigen Aufeinanderprallen unterschiedlicher Kulturen geprägt. Während die europäischen Rechtsstrukturen (wie z.B. in Deutschland das HGB) eher den Gläubigerschutz betonen, sind die anglo-amerikanischen Strukturen eher auf Anlegerschutz ausgelegt. So ergeben sich deutliche Brüche in der Rechnungslegung (US-GAAP/IFRS versus HGB). Große Unterschiede haben sich auch in der Managemententlohnung und in der Offenlegung von Managementgehältern gezeigt. Während die anglo-amerikanische Struktur eine sehr stark wertsteigerungsorientierte Vergütung bevorzugt, tun wir uns in Europa mit dieser Form der Vergütung immer noch schwer. Die Diskussion über die Offenlegung von Managementgehältern zeigt, wie emotional dieses Thema belastet und besetzt ist. Es ist zwar auf den ersten Blick nicht leicht zu verstehen, warum die Offenlegung von Managementgehältern die Leistungsfähigkeit eines Unternehmens erhöhen soll, aber die politisch motivierte Debatte ist offensichtlich so stark, dass dies im Rahmen des Corporate-Governance-Codex in Zukunft gesetzlich verankert wird. Prinzipiell werden die Weiterentwicklung des Kapitalmarktes und das zunehmende Wachstum von Unternehmen in internationalen und globalen Märkten das Thema Corporate Governance immer wichtiger werden lassen.

Betrachtet man heute den Kapitalmarkt, so kann man sicherlich konstatieren, dass die Private Equity- und Venture Capital-Industrie in exzellentem Zustand sind. Die meisten Unternehmen arbeiten sehr professionell, dies gilt sowohl für die reinen Private Equity-/Venture Capital-Unternehmen als auch für Stiftungsfonds, die eine Form gemischter Private-Equity-Fonds darstellen. Für viele Familienunternehmen kann der Einstieg eines Private-Equity-Partners ein »professionelles Weichen« durch Realisierung von Unternehmenswerten schaffen. Es ist auch die Grundlage für Management-Buy-Out- und Management-Buy-In-Lösungen.

Gerade für Familienunternehmen, die sich oft hoch spezialisiert haben und dadurch sehr international aufgestellt sind, ist das Thema Kapitalbeschaffung für forciertes Wachstum immer ein Grundsatzthema. Stark wachsende Unternehmen wie der Automobilzulieferer *Brose* aus Coburg, die Elektrofirma *Zollner* aus Zandt und der Arzneimittelhersteller *Hexal* aus München, der von *Novartis* übernommen wurde und nun zur *Sandoz*-Gruppe gehört, stehen vor diesen grundsätzlichen Entscheidungen. Und wie immer im Leben gilt auch hier: man kann nicht nicht entscheiden.

Natürlich bietet sich hier der Kapitalmarkt, manchmal sogar die Börse, als Instrument der Kapitalbeschaffung an. Wenngleich sich die Unternehmer im Klaren sein müssen, dass sich mit dem Eintritt in den Kapitalmarkt die Kultur und die Struktur ihres eigenen Unternehmens nachhaltig und irreversibel ändert. Der Einstieg von *3i* als neuer Mehrheitsgesellschafter der *Betapharm* hat die Kultur und das Unternehmen insgesamt sicherlich entscheidend verändert. Ob zum Vorteil des Unternehmens, wird die Zukunft erweisen. Trotzdem stellt sich für viele Familienunternehmen unter dem Schlagwort »Wachsen oder Weichen« oftmals gar keine Alternative. Geht man den Wachstumsweg, so ist die Finanzierung häufig nur über den freien Kapitelmarkt möglich. Ein Unternehmen wie die börsennotierte Firma *Dräger* aus Lübeck hat allerdings gezeigt, dass es möglich ist, am Kapitalmarkt zu agieren und trotzdem eine Konstruktion zu schaffen, in der die Familie den bestimmenden, prägenden Einfluss behalten hat. In der Regel gilt aber: eine ausschließliche Finanzierung aus Eigenmitteln ist bei starkem Wachstum zumeist ausgeschlossen. So brauchen professionelle Unternehmen eine gesunde Mischung aus Außen- und Innenfinanzierung.

Auch die Fondsmittelversorgung durch Anleihen wird sicherlich immer wichtiger, weswegen das Thema Mittelstandsfonds, aber auch Corporate Bonds, an Bedeutung gewinnen wird. Ein interessantes Modell für Mittelstandsunternehmen hat hier *Wunderlich und Partner* aus München aufgelegt.

In der Debatte um die Kapitalmarktsituation von Unternehmen sollte man sich in Erinnerung rufen, dass vierzehn der heute zwanzig größten US-Unternehmen ursprünglich durch Private Equity finanziert waren. Ohne Private Equity würden diese Unternehmen gar nicht existieren – zumindest nicht in ihrer heutigen Größe und Form.

Was sind nun die strategischen Konsequenzen, die aus diesen Überlegungen abzuleiten sind? Für viele Familienunternehmen wird sich die Frage stellen, ob sie ihre Unabhängigkeit wahren wollen oder sich dem Kapitalmarkt öffnen. In dem Moment, in dem man sich zum Kapitalmarkt hinwendet, wird in aller Regel die Transparenz im Unternehmen erheblich erhöht, allein schon durch die damit verbundene Veröffentlichungspflicht. Manchmal wird die Entscheidung so weit gehen, dass man die Grundsatzfrage unabhängiges Unternehmertum versus Wachstumsrate zu stellen hat. Wenn bestimmte Wachstumsraten und Internationalisierungsstrategien nur mit Kapitalmarkt-Finanzierung möglich sind, wird das eigene unabhängige Unternehmertum nachhaltig eingeschränkt. Dass an dieser Stelle viele Familienunternehmen den Weg der Eigenfinanzierung gegen den Wachstumspfad als den für sie richtigen identifizieren, ist keinerlei Kritik, sondern eine reine Feststellung. Fakt ist, dass der traditionelle Fremdmittelweg für viele Unternehmen oft zu kurz sein wird und die Mittel an dieser Stelle nicht mehr ausreichen.

Unternehmen, die sich über eine Kapitalmarktfinanzierung Gedanken machen, sollten dabei immer berücksichtigen, externe Partner nie aus Selbstzweck in das Unternehmen aufzunehmen. Zu prüfen ist in jedem Fall, ob der potenzielle Investor langfristiges Interesse hat, denn prinzipiell ist die Idee eines PE/VC–Anbieters, mit dem Einstieg auch den Ausstieg (Exit) zu fixieren.

Darüber hinaus müssen sich die Unternehmer im Klaren sein, ob sie bereit sind, die Regeln des Kapitalmarktes (allein schon was das Thema Investor Relations anbelangt) zu akzeptieren. Der Zufluss an Geld wird durch eine Einschränkung der Unabhängigkeit erkauft und wer mit diesem Kulturbruch nicht umgehen kann, sollte die Finger vom Kapitalmarkt lassen.

Der absolut entscheidende Punkt ist allerdings: So wie die Struktur im Normalfall der Strategie zu folgen hat, so sollte auch die Finanzierungsform der Strategie folgen. Das heißt mit anderen Worten: Gute Unternehmer und Führungskräfte sollten eine klare Strategie haben und dann entscheiden, welche Finanzierungsform für sie die richtige ist. Dabei ist zu beachten, dass in Zukunft die Rolle der klassischen Fremdfinanzierung durch Kreditinstitute zurückgehen wird.

Gerade in der Diskussion über die Risikosituation von Unternehmen sollten Familienunternehmen eigentlich einen Bonus im Rating bekommen. Sie sind prinzipiell auf Nachhaltigkeit angelegt und ihr Engagement ist zumindest strukturell höher. Natürlich haben Familienunternehmen strukturelle Nachteile, die zum Teil aus den rechtlich-steuerlichen Rahmenbedingungen kommen, zum Teil aber auch aus der Finanzierung. Doch mit einer geschickten Strategie, nach dem Motto »Lieber ein großer Fisch im kleinen Teich, als ein kleiner Fisch im großen Teich«, sollten Familienunternehmen unter dem Strich hervorragende Chancen haben. Und dies zeigen auch viele Ergebnisse, die einen Vergleich herstellen zwischen Familienunternehmen und Kapitalmarktunternehmen, dass unter dem Strich nachhaltig die Wertentwicklung bei Familienunternehmen signifikant höher ist.

Zusammenfassung

Sich selbst zu erkennen – persönlich oder im Unternehmen – ist eine der schwierigsten Aufgaben im Leben, jedoch eine entscheidende Voraussetzung für den Erfolg. Ziel der SWOT-Matrix ist es herauszufinden, inwieweit Strategie, Stärken und Schwächen ausreichend sind, um auf Chancen und Risiken zu reagieren.

Ein Unternehmen kann auf Dauer nur überleben, wenn es eine Gesamtverzinsung erzielt, die oberhalb der risikobezogenen Kapitalkosten liegt. Ziel der wertorientierten Unternehmensführung ist deshalb die Steigerung des Unternehmenswertes über die wesentlichen Werttreiber Rendite, Wachstum und Risiko.

Kapitel 5

Das Geschäftsmodell

In diesem Kapitel werden folgende Themen behandelt:

- Regeln für den Unternehmenserfolg
- Konzentration auf Kernkompetenzen
- Unterschiedliche Branchenattraktivität?
- Die Marktlogik brechen
- Kategorien der Regelbrüche

In fast allen Branchen haben Unternehmen mit den gleichen Problemen zu kämpfen und stehen vor denselben Herausforderungen: Sie befinden sich in stagnierenden oder sogar rückläufigen Märkten.

Ehemals erfolgreiche und ertragreiche Unternehmen, wie *Opel*, *Grundig*, *Karstadt-Quelle* oder *Walter-Bau*, kämpfen plötzlich ums Überleben oder scheiden sogar aus dem Markt aus. Weshalb schreiben diese Unternehmen auf einmal rote statt schwarze Zahlen? Und wie ist es zu erklären, dass es auch in schwierigen Branchen Unternehmen gibt, die Spitzenergebnisse erzielen? Worin liegen die zentralen Unterschiede zwischen diesen Unternehmen?

Die Antwort lautet: Alle ungewöhnlich erfolgreichen Unternehmen verfügen über ein einzigartiges Geschäftsmodell! Geschäftsmodelle bilden den Kern der nachhaltigen Differenzierung und sind der Schutz vor Austauschbarkeit und Überflüssigkeit.

Ein Geschäftsmodell ist die ursächlich verknüpfte, bildhafte Darstellung der Erfolgsfaktoren eines Unternehmens.

Die wichtige und zentrale Frage für Ihr Geschäftsmodell lautet daher: »Welches sind die Erfolgsfaktoren, die Sie einzigartig und unaustauschbar machen?«

Regeln für den Unternehmenserfolg

Es gibt kein Patentrezept für den Erfolg. Was für ein Unternehmen richtig ist, kann, aufgrund anderer Voraussetzungen, für ein anderes völlig falsch sein. Aus der Erfolgsfaktorenforschung sind jedoch Verhaltensweisen und Charakteristika von Unternehmen bekannt, die im Durchschnitt einen positiven Erfolgsbeitrag haben.

Prof. Hermann Simon, Vorsitzender der Geschäftsführung der *Simon – Kucher & Partners Strategy & Marketing Consultants* und Verfasser des Buches *Die heimlichen Gewinner (Hidden Champions)*, hat die Erfolgsfaktoren von Unternehmen untersucht, deren Namen fast niemand kennt, die aber seit Jahrzehnten weltweit unübertroffen sind. Folgende zehn Erfolgsfaktoren zeichnen seiner Meinung nach die »Hidden Champions« aus:

1. Die »Hidden Champions« streben Marktführerschaft an – sonst nichts. Sie verfolgen das klare Ziel, in ihren Märkten die Nummer 1 zu sein oder zu werden.
2. Die »Hidden Champions« verstehen die Marktdefinition nicht als extern vorgegeben, sondern als Teil ihrer Strategie. Sie definieren ihre Märkte eng und beziehen dabei Kundenbedürfnis und Technologie ein. Sie sind fokussiert sowie eher tief als breit ist. Sie konzentrieren sich auf ihre Kernkompetenzen und vermeiden Ablenkungen.
3. Die »Hidden Champions« kombinieren ihre Spezialisierung in Produkt und Know-how mit weltweiter Vermarktung. Sie sind in wichtigen Zielmärkten mit eigenen Tochtergesellschaften präsent und delegieren die Beziehung zum Kunden nicht an Dritte. So erreichen sie trotz ihrer Nischenmärkte »Economies of Scale«.
4. Die »Hidden Champions« haben eine sehr hohe Kundennähe – insbesondere zu den Top-Kunden. Die Kundennähe umfasst alle Funktionen und Ebenen. Sie sind hingegen keine Marketing-Profis im Lehrbuchsinne. Sie verkaufen primär über den Wert, nicht über den Preis, ohne jedoch die Kosten zu vernachlässigen.
5. Die »Hidden Champions« sind hoch innovativ. Innovation heißt für sie Produkt und Prozess. Durch kontinuierliche Innovation bleiben sie an der Spitze.
6. Die »Hidden Champions« sind weder einseitig markt- noch einseitig technologiegetrieben. Vielmehr integrieren sie – anders als Großunter-

nehmen – Markt und Technik als gleichwertige Antriebskräfte und erreichen damit die Synergie von internen Kompetenzen und externen Marktchancen.

7. Die »Hidden Champions« schaffen ausgeprägte Wettbewerbsvorteile bei Produktqualität und Service. Sie sind nahe an ihren besten Wettbewerbern und suchen aktiv die Konkurrenz zu diesen, um ihre Leistung ständig zu steigern.
8. Die »Hidden Champions« vertrauen auf ihre eigenen Kräfte. Sie glauben nicht, dass andere ihre Probleme lösen. Um ihr Know-how und ihre Kernkompetenzen zu schützen, misstrauen sie Kooperationen und strategischen Allianzen. Sie outsourcen keine Kernkompetenzen.
9. Die »Hidden Champions« zeichnen sich durch hohe Identifikation und Motivation der Mitarbeiter aus. Sie haben stets mehr »Arbeit als Köpfe«. Sie selektieren im Frühstadium eines Arbeitsverhältnisses scharf, dafür sind Fluktuation und Krankenstand langfristig gering.
10. Die Führer der »Hidden Champions« leben die Einheit von Person und Aufgabe. Sie führen autoritär in den Grundwerten und partizipativ im Detail. Die Kontinuität in der Führung ist extrem hoch.

Wenn eine individuelle Strategieentwicklung auf Basis der Erkenntnisse der Unternehmens- und Umfeldanalyse erforderlich ist, so gibt es zumindest sinnvolle Denkanstöße, die im Wesentlichen auf empirischen Erfolgsuntersuchungen beruhen. Wichtige Zielsetzung Ihres Unternehmens muss es sein, Erfolgspotenziale aufzubauen und zu erhalten. Im Folgenden möchte ich Ihnen die für Ihr Unternehmen relevantesten Erfolgsfaktoren näher erläutern:

Konzentration auf Kernkompetenzen und Kerngeschäftsfelder.

Spätestens seit Anfang der 90er-Jahre ist die Aussage »Konzentration auf Kernkompetenzen« im Vokabular eines jeden westlichen Managers eine Standardformulierung. Geprägt wurde der Begriff durch die beiden Professoren für strategisches Marketing Gary Hamel und C.K. Prahalad. In ihrem berühmten Artikel zum Thema »The Core Competencies of the Enterprise« erläutern sie, dass die Unternehmen, die sich auf den Aufbau von Kernkompetenzen konzentrieren und ihr Geschäft um ihre Schlüsselfähigkeiten herum aufbauen, höhere Rendite erwarten können als andere.

Intern konzentrieren, extern differenzieren.

Da Wettbewerbsvorteile immer schneller entwertet werden, muss das Ziel eines Unternehmens sein, durch die Ausrichtung auf Kernkompetenzen Wettbewerbsvorteile zu generieren, die für nachhaltige und langfristige Differenzierung sorgen.

Kernkompetenzen sind für sichtbare Wettbewerbsvorteile verantwortlich.

Die Kernkompetenz ist diejenige Fähigkeit, die es erlaubt, bestimmte Wertschöpfungsaktivitäten relativ besser auszuführen als der Wettbewerb. Sie ist die Basis für immer neue Wettbewerbsvorteile. Im Sinne der Kausalität sind Kernkompetenzen eines Unternehmens also Ursache und Wettbewerbsvorteile Wirkungen.

Kernkompetenzen der *Seidel GmbH + Co.* aus Marburg liegen in der Fertigung, Oberflächenveredelung und Produktentwicklung immer neuer Produkte für die Parfumindustrie. Auf dieser Basis schafft sich das Unternehmen fortlaufend neue Wettbewerbsvorteile, die die erfolgreiche Position von *Seidel* sichern. Die Strategie eines Unternehmens muss die Basis schaffen, durch einzigartige Ressourcen, Technologien, Netzwerke, Marken und Unternehmenskultur, immer zum richtigen Zeitpunkt die optimale Antwort auf Fragen, Wünsche und Bedürfnisse der Kunden zu haben. Ob *Dell, H&M*, *Ikea* oder *Aldi:* Sie alle lösen zentrale Probleme ihrer Kunden besser als alle anderen und begründen damit ihren kometenhaften Erfolg.

»Langfristig ist man nur erfolgreich, wenn man weiß, warum man erfolgreich ist.« (Rupert Lay)

Kernkompetenzen, als Ursache und Basis des Erfolgs, müssen dabei enormen Anforderungen entsprechen. Sie müssen dem Unternehmen erkennbare Wettbewerbsvorteile ermöglichen, verteidigungsfähig und nachhaltig sein, dürfen für andere nicht frei käuflich sein und sollen die Chance beinhalten, neue Marktsegmente zu erschließen. Auf der Grundlage von Kernkompetenzen können Sie Geschäftsfelder auswählen und bewerten. Der Grundsatz lautet dabei: Gehen Sie nur in Geschäftsfelder, in denen Sie aufgrund Ihrer Kernkompetenzen eine führende Rolle spielen können. Die richtige Wahl hat den größten Einfluss auf den Erfolg eines Unternehmens.

Die Wettbewerbsposition ist entscheidend. Kaum eine Variable korreliert – empirisch gesehen – so hoch mit dem Unternehmenswert wie die Marktführerschaft. Diese Erkenntnis wird unter anderem durch die Ergebnisse der PIMS-Studie bestätigt.

Lieber im schlechten Markt führend als im besten Markt Durchschnitt sein!

Führend in seinem Markt ist das Unternehmen *Stihl*. Der Weltmarktanteil des Herstellers für *Stihl-Motorsägen* ist in etwa doppelt so groß wie der des nächststärksten Unternehmens. Und darauf gründet sein überragender Erfolg. Diese Motorsägen sind überall auf der Welt zu finden. *General Electrics* wird nach dem Prinzip geführt, dass alle strategischen Geschäftseinheiten, denen es nicht gelingt, die Position eins oder zwei im Markt zu erreichen, rigoros abgestoßen werden. Und auch das Arzneimittelunternehmen *Hexal* gründet seinen Erfolg auf der Strategie, immer als »erster Zweiter« auf dem Markt zu sein – am besten unmittelbar nach Patentablauf des Originalpräparats.

»Dieser Schritt verschafft uns den wichtigsten Vorteil gegenüber anderen Generika-Anbietern und entscheidet über den langfristigen Verkaufserfolg unserer Produkte,« erklärt Dr. Thomas Strüngmann, Ex-Vorstand und Mitbegründer der *Hexal AG*.

Auch in schwachen Branchen ist überproportionales Wachstum möglich, wie der Vergleich der Besten einer Branche mit den schwächsten Unternehmen zeigt. Was zählt ist einzig und allein die Wettbewerbsposition.

Es gibt keine guten und schlechten Branchen.

Selbst in der Bauindustrie gibt es heute Unternehmen, die gute Renditen erwirtschaften, während zahlreiche andere Konkurs anmelden müssen. *WimbergerHaus,* ein überregional tätiger Anbieter für Ziegelfertighäuser aus Linz, ist ein hochrentables erfolgreiches Unternehmen, während *Walter-Bau* der Konjunkturflaute nicht standhalten konnte.

Seit Jahren jammert die Textilbranche über rückläufige Umsätze. Die Branche gilt als die schlechteste überhaupt, und trotzdem steigert H&M Jahr für Jahr seine Umsätze. Gleiches lässt sich von Zara aus dem spanischen La Coruña berichten. Daraus lässt sich folgende These ableiten:

Die Wettbewerbsposition ist wichtiger und für den Erfolg entscheidender als die bestehende Branchenkonjunktur und die generelle Marktattraktivität.

Die Gründe dafür liegen in Größendegressionseffekten, der Risikoaversion der Kunden, Qualität des Managements sowie der Marktmacht des Unternehmens beziehungweise der Geschäftseinheit gegenüber Lieferanten, Kunden und Wettbewerbern.

Diese Position des Marktführers kann in jedem Markt mehrfach besetzt werden. Sie können Qualitäts- oder Mengenführer sein; Sie können eine regional oder national oder international dominierende Rolle spielen. Wichtig ist, dass Sie eine Vorstellung davon entwickeln, welche Kompetenzen und Wettbewerbsvorteile erforderlich sein werden, um eine führende Rolle im Markt zu spielen.

Seien Sie – bildlich gesprochen – lieber in Sparta der Erste
als in Rom der Zweite!

Besonders in den derzeitigen stagnierenden Märkten ergibt sich der Zwang zur Differenzierung, zum »Anders-als-alle-anderen-Sein«, ansonsten ist ein ruinöser Preiswettbewerb unvermeidlich. Es gilt der Grundsatz:

Be different – or die!

Es ist offensichtlich, dass ein Unternehmen, das mit dem gleichen Geschäftsmodell wie seine Wettbewerber antritt, immer relativ besser in seinen Prozessen sein muss, um am Markt bestehen zu können. Folglich gilt: Je unterschiedlicher und einzigartiger das Geschäftsmodell ist, desto geringer ist der Druck auf die Prozesse (et vice versa).

Die Austauschbarkeit ist das Krebsgeschwür für den Erfolg.

Es gibt viele Beispiele dafür, dass Unternehmen durch ungewöhnliche Geschäftsideen, durch ein Anders-als-alle-anderen-Sein, den Grundstein ihres heutigen Erfolges gelegt haben. Das Unternehmen *Robot Visual System GmbH* aus Monheim ist zum Beispiel der Weltmarktführer im Bereich Radarfallen, die *Setter GmbH und Co. Papierverarbeitung* aus Emmerich ist Weltmarktführer in seinem Segment und die *Jowat AG* aus Detmold ist mit einem Umsatz von 130 Millionen Euro der führende Anbieter von Klebstoffen für Tetrapaks. Die *Koizol ideas for friends GmbH* aus Erbach ist der Weltmarktführer für Schnee- und Traumkugeln, die *Teepack Spezialmaschinen GmbH & Co. KG* aus Meerbusch dominiert den Weltmarkt für Teebeutelmaschinen und der Europamarkt für Zahnbürsten wird angeführt durch die *M+C Schiffer GmbH* aus Neustadt.

Nur derjenige, dem es gelingt, sich hinsichtlich wichtiger Kaufkriterien der Kunden, auf einer anderen Ebene als der Preisebene, zu differenzieren, hat die Möglichkeit Renditen zu erwirtschaften, die ein dauerhaftes Überleben des Unternehmens sichern.

Positioning – the battle for your mind

Unternehmen, die sich für eine klare Positionierung innerhalb der Branchenstruktur entscheiden, sind nachweislich erfolgreicher als andere. *Ikea, Aldi*, das Hotel *Schindlerhof* et cetera zeigen uns die positiven Konsequenzen einer klaren Positionierung. Alle diese Unternehmen arbeiten nach dem Motto:

Wenn man eine Sache gut machen will, kann man sie nicht für jeden machen!

Seit vielen Jahren setzt Klaus Kobjoll mit seinem *Schindlerhof*-Team den Standard in der Tagungs-Hotellerie. Immer wieder schafft er es, Markt- und Trendveränderungen aufzugreifen und sie im *Schindlerhof* umzusetzen. Sei es bei der Verwendung von Farben, Klängen und Licht oder auch mit der »runden« Gestaltung von Seminarräumen ohne Ecken und Kanten, die den Fluss der Energie beeinträchtigen könnten, oder auch durch die Integration asiatischer Stilelemente – er zieht alle Register, um sich und seinen *Schindlerhof*, dessen Führung er jetzt an seine Tochter übergibt, zu differenzieren und als herausragendes Beispiel zu präsentieren.

Dass mit dem *Schindlerhof* auch das erste deutsche Unternehmen dieser Größenkategorie mit dem international anerkannten und renommierten »European Quality Award« ausgezeichnet wurde, zeigt, dass hier die Verbindung aus Kreativität und »deutscher Wertarbeit« nicht nur von Gästen, sondern auch von externen Juroren anerkannt wird. Man darf gespannt sein, welche Innovation als Nächstes in dem kleinen Ort Boxdorf bei Nürnberg, dem Standort des *Schindlerhofs*, kreiert wird. Es spricht vieles dafür, dass es sich um ein innovatives Seminar- und Trainingskonzept mit nachhaltiger Wirkung handeln wird – doch lassen wir uns einfach überraschen. Und dass PR-Profi Klaus Kobjoll dafür sorgen wird, dass wir alle es dann auch schnell erfahren werden, steht sowieso außer Frage: Wenige Unternehmer aus deutschen Landen verbinden wir er die Kunst, Gutes zu tun und andere darüber reden zu lassen.

»Positionierung ist nicht das, was man mit dem Produkt macht. Positionierung ist vielmehr das, was man in den Köpfen der Adressaten anstellt.« (Jack Ries und Al Trout)

In einer Welt mit einer unüberschaubaren Produkt- und zunehmender Informationsvielfalt entscheidet mehr denn je der spontane Eindruck des Kunden über Kauf oder Nichtkauf eines Produktes. Gekauft wird nur noch, was mit dem subjektiven Wunschbild des Konsumenten übereinstimmt. Wer sich nicht selbst positioniert, wird positioniert. Und es ist schwer, eine Meinung zu ändern, die sich der Kunde gebildet hat.

Gewinner brechen die Logik ihres Marktes.

Reinhold Messner bestieg als Erster ohne Sauerstoffgerät die höchsten Berge des Himalaya im Alleingang. Er brach dabei mit einer ehernen Regel, die besagte, kein Mensch, schon gar kein Europäer, könne diese Höhe und die Anstrengungen dieses Aufstieges ohne zusätzlichen Sauerstoff überleben. Auch Unternehmen werfen immer wieder das »Normale« oder den Standard ihres Marktes über Bord und entwickeln sich gegen die Grundsätze der Branche.

Das Durchschnittliche gibt der Welt Bestand,
das Außergewöhnliche gibt der Welt Wert.

Viele der rund 800 deutschen mittelständischen Weltmarktführer legten den Grundstein für ihre internationale Überlegenheit mit einem wirklichen Regelbruch.

»Nichts ist so stark wie eine Idee, deren Zeit gekommen ist.«
(Victor Hugo)

Wirkliche Spitzenunternehmen mit überdurchschnittlichem Wachstum und Rendite passen sich nicht nur adaptiv an, sondern brechen die Logik ihres Marktes.

Nicht nur besser: Anders als alle anderen!

Besonders in wettbewerbsintensiven Märkten betreiben Unternehmen Vergleiche (Benchmarking). Darunter versteht man den systematischen Prozess, die eigenen Produkte, Dienstleistungen und Geschäftsprozesse mit denen der stärksten Wettbewerber oder derjenigen Unternehmen zu messen, die im bestimmten Segment als »Weltklasse« angesehen werden. Generell lässt sich dagegen nichts einwenden, aber was ist das Ergebnis von Wettbewerbsvergleichen? Unternehmen, die an diesem Prozess nicht teilnehmen, scheiden aus dem Markt aus, weil ihre Leistungen nicht mehr wettbewerbsfähig sind. Und die Unternehmen, die Benchmarking betreiben, werden zwar besser, aber auch gleicher. Die Latte wurde lediglich höher gehängt, das heißt nach dem Vergleich sind alle Unternehmen auf einer höheren Ebene ähnlicher als zuvor – und der Wettbewerb ist noch verbissener. Wenn Sie jedoch der Aussage folgen:

Erfolgreiche Unternehmen brechen die Logik ihres Marktes!

dann sollten Sie ein neues Denken verinnerlichen. »Benchbreaking anstatt Benchmarking« lautet dann das Motto. Während durch Benchmarking alle ähnlicher werden, gelingt durch Benchbreaking das Brechen der aktuellen Logik, der Spielregeln der Branche. Immer, wenn die Branche sagt »das geht nicht«, setzt der kreative Regelbruch an. Gerade vor dem Hintergrund stagnierender Märkte, schwieriger Rahmenbedingungen, augenfälliger Innovationsmüdigkeit und Risikoscheu gewinnt die Idee des Regelbruchs immer mehr an Bedeutung.

Logikbrüche in der Praxis

Alle erfolgreichen Unternehmen haben die Logik ihres Marktes in mindestens einem Punkt gebrochen. Wie einst »Dick« Fosbury, der als Erster beim Hochsprung rücklings über die Latte sprang und so bis dahin ungeahnte Höhen übertraf, müssen auch Unternehmen von Zeit zu Zeit ihre bestehenden Geschäftsmodelle revolutionieren. Nur so können sie wertsteigernde Alleinstellung erreichen. *Ikea* hat uns gezeigt, dass Kunden sehr wohl bereit sind, Möbel selbst abzuholen und aufzubauen. *Swatch* ist das erste Unternehmen, das es schaffte, den Faktoren gut und günstig auch noch die Eigenschaft des Modernen hinzuzufügen. *Aldi* ist es gelungen, den Branchengegensatz billig und Qualität zu integrieren. *Dell* bricht mit der Überzeugung, dass PCs über den Einzelhandel vertrieben werden müssen. *Adidas* hat uns gezeigt, dass ein Sportartikelhersteller nicht mehr selber produzieren muss. *H&M* bricht mit bestehenden Regeln im Textilhandel und wechselt seine Kollektionen zwölf- anstatt viermal im Jahr, und *Fielmann* ist die erfolgreiche Antwort auf *Aldi* im Optikbereich.

Mitschwimmen allein genügt nicht – wer die Regeln bricht, gewinnt.

Erstaunlich oft sind es jedoch nicht die großen, sondern gerade die mittelständischen Unternehmen, die echte Logikbrüche zustande bringen. Viele der rund 800 deutschen mittelständischen Weltmarktführer legten den Grundstein für ihre internationale Überlegenheit mit einem wirklichen Regelbruch.

Nichts ist so stark wie eine Idee, deren Zeit gekommen ist!

Zahlreich Beispiele mittelständischer Unternehmen zeigen, dass es vor allem auch in dieser Unternehmensform gelingt, mit intelligenten Regelbrüchen Wert zu schaffen. Aus einer geschickten Nische heraus zeigt die Firma *Truma* aus München, wie sich ein Familienunternehmen über einen langen Zeitraum an der Spitze des europäischen Marktes halten kann. Mit seiner Spezialität »Heizungssystem für Wohnwagen« ist *Truma* heute unangefochtene Nummer eins. Gegen alle Überzeugungen der Branche hat das Unternehmen die Preise immer wieder gesenkt und auf vergleichsweise niedrigem Niveau gehalten. Mit dieser »strategischen Logik« in Verbindung mit immer neuen technologischen Entwicklungen und der konsequenten Nischenpolitik hat sich das Unternehmen eine für die Zukunft herausragende, fast unangreifbare Marktposition geschaffen, die selbst von international agierenden Konzernen nur schwer attackiert werden kann.

Baader, ein Unternehmen, das seit über 80 Jahren Maschinen zur Fischverarbeitung konzipiert, kontrolliert heute über 90 Prozent des Weltmarktes. Über technologische Regelbrüche gelangte das Unternehmen zu seinem heutigen Erfolg. Es gibt sicherlich wenige Unternehmen aus Deutschland, die es so konsequent geschafft haben, aufbauend auf Erfindungen und Patenten durch gezielte, systematische Bearbeitung und Erschließung von Auslandsmärkten zu einem echten »Global Player« zu werden. Gerade diese Fähigkeit, technologische Alleinstellungen mit Vertriebsstärke und Markterschließung zu verbinden, fehlt den meisten anderen Unternehmen, die wir untersucht haben – und stellt *Baader* weit aus der »grauen Masse« heraus.

Die Herausforderungen, die sich für ein Unternehmen in einer solchen Position stellen, liegen ebenfalls auf der Hand: Zum einen muss man sich durch permanente Weiterentwicklung gegen die Angriffe der Konkurrenz verteidigungsfähig aufstellen, der die unangefochtene Marktführerschaft seit langem ein Dorn im Auge ist. Dazu gehört neben der konsequent betriebenen Marktpenetration auch die in Zukunft entscheidende Fähigkeit, durch marktgestaltende Innovationen die Angriffe im Kernmarkt abzuwehren und dem Unternehmen die Chance zu geben, aufbauend auf der in vielen Jahren erworbenen Kernkompetenz, durch gezielte Diversifikation neue Marktsegmente mit vergleichbaren Chancen zu erschließen. Es wird aber auch mit Sicherheit das Thema Zukauf/Übernahme immer wichtiger werden, um auch in Zukunft mit vertretbarem Risiko profitabel wachsen zu können.

Ein weiteres Beispiel ist der Maschinenhersteller *Poly-clip*. Das Unternehmen ist weltweit führender Hersteller von Clipverschluss-Systemen. Mit seinen Entwicklungen hat das Unternehmen bereits maßgeblich dazu beigetragen, der fleischverarbeitenden Industrie und dem Fleischerhandwerk neue Produkte und Märkte zu erschließen. *Poly-clip* verfügt in diesem Bereich über zahllose, den Markt verändernde Patente. Dadurch lässt sich seine herausragende und marktführende Stellung erklären.

Die *Fath GmbH* aus Spalt, ein Unternehmen aus der Beschläge- und Schraubenindustrie, brach mit der bis dato geltenden Überzeugung, Produkte dieser Art könnten ausschließlich direkt durch eine eigene Vertriebsorganisation vertrieben werden. Heute betreibt das Unternehmen einen Versandhandel, bei dem man alle Produkte von *Fath* auch über das Internet beziehungsweise den Unternehmenskatalog in zehn Sprachen bestellen kann. Die Entwicklung vom reinen Spritzgusshersteller zum Versandhandelshaus war der Grundstein von *Faths* heutigem Erfolg.

Einen anderen spannenden Weg ging das oberfränkische Damenoberbekleidungs-Unternehmen *Frankenwälder*. Zwei klassische Überzeugungen der Branche lauteten bis zu diesem Zeitpunkt: Produktionsverlagerung aus Deutschland und Young-Fashion als Zielmarkt. *Frankenwälder* drehte diese Logik um und machte alles anders als alle anderen: Gefertigt wird größtenteils in Deutschland und die Zielgruppe heißt »Frauen über 50 Jahre«, die so genannte »Best-Ager-Generation«. Dieser Klientel wird die rasche Kollektionsfolge von Young-Fashion-Anbietern wie *S. Oliver* oder *Esprit* angeboten. Das Unternehmen, das vor über 50 Jahren von einer Metzgerstochter gegründet wurde, ging schon früher technologisch ungewohnte Wege: 1960 wurde ein Verfahren zum Bedrucken von Jersey-Stoffen eingeführt, das damals wegen der Flexibilität des Stoffes als »unmöglich« galt, später setzte *Frankenwälder* als erstes Textilunternehmen in Deutschland pflegeleichte japanische Polyesterstoffe ein. Diese schwierige Verarbeitung ist bis heute eine Stärke der Damenoberbekleidungsfirma. Für ein Textilunternehmen mit Produktion in Deutschland und älterer Zielgruppe erzielt *Frankenwälder* mit dieser Ausrichtung erfreuliche, in diesem Markt sehr seltene Ergebnisse.

Der Augsburger Generika-Hersteller *Betapharm* differenziert sich zusätzlich und in dieser Form einmalig über eine Fokussierung auf das Thema »soziale Verantwortung«. Während sich andere Generika-Hersteller auf die Prozess- und Vertriebsebene konzentrieren, baut *Betapharm* bei Ärzten und Apothekern, die immerhin einmal den Eid des Hippokrates geleistet haben, eine Marke mit dem Schwerpunkt Corporate Citizenship plus Service auf. Die Pharmafirma gründete das Beta-Institut, das Anwendungsforschung und Dienstleistungen betreibt. Mit jeder verkauften Packung unterstützt das Unternehmen die Frühgeborenenforschung. Zudem hat *Betapharm* eine gemeinnützige Gesellschaft für sozialmedizinische Forschung geschaffen, die beispielsweise Suchtprävention bei Kindern betreibt. Unter dem Namen Beta-Care wird Ärzten und Apothekern Hilfe und Marketing-Unterstützung in Bezug auf Informationsservices für Sozialfragen angeboten. *Betapharm* wurde im Jahr 2002 Bundessieger für Initiative, Freiheit und Verantwortung. Obwohl das Unternehmen in der Pharmabranche mit völlig austauschbaren Produkten arbeitet, wächst es überdurchschnittlich rentabel.

Der Logikbruch der Firma *Saertex Wagner GmbH & Co. KG* aus Saerbeck bestand in der Konzentration auf die Produktionstechnik der Gelegeherstellung, bei der Fasern miteinander vernäht werden. Während der Rest der Branche sich mit verschiedenen Produktionstechniken verzettelte, blieb *Saertex* zunächst klein und weitete seine Technik von der Glas- auf die Carbonfaser aus. Mittlerweile boomt der Markt für technische Gelege durch die Entwicklungen im Bereich der Windkraft, der Bauindustrie oder des Flugzeugbaus. *Saertex* hält hier die weltweit führende Position.

Haben Sie an dieser Stelle ein bisschen Mut und lernen Sie von großen Unternehmen wie *Ikea*, *Swatch*, *Fielmann*, aber auch von vielen mittelständischen Unternehmen wie *poly-clip*, *Betapharm*, *Truma*, dass in der Wirtschaft wie in der Natur gilt: »Be different – or die!«

Regelbrüche erster, zweiter und dritter Ordnung

Grundsätzlich gibt es für mittelständische Unternehmen drei Kategorien von Regelbrüchen, die zu neuen Erfolg versprechenden Geschäftsmodellen führen. Diese können in Regelbrüche erster, zweiter oder dritter Ordnung eingeteilt werden. Die Einteilung zeigt Abbildung 23.

Abbildung 23: Regelbrüche erster, zweiter und dritter Ordnung

Regelbrüche erster Ordnung bedeuten eine absolute Neuheit am Markt. Oft steht ein Patent hinter solchen großen Würfen. Sie sind jedoch selten wie eine blaue Mauritius und ohne Frage auch ein gewagtes Unterfangen. Die Adaption erfolgreiche Konzepte aus anderen Branchen in die eigene Branche ermöglicht Regelbrüche zweiter Ordnung. Zu Regelbrüchen dritter Ordnung, einer Unternehmensneuheit, wird ein Unternehmen durch die Branchenentwicklung gezwungen. Als Follower ist es notwendig, seine firmeninternen Überzeugungen und Faktoren zu hinterfragen und dem Markt anzupassen.

Regelbrüche über Reduktion, Kreation, Erweiterung oder Elimination.

Jedes Unternehmen kann ein Champion werden. Es muss nur den Mut haben, ausgetretene Pfade zu verlassen und neue Wege zu gehen. Aus analytischer Sicht führen mehrere Wege zu einem radikalen Regelbruch. Manager können etwas gänzlich Neues kreieren, sie können ihrem bestehenden Geschäftsmodell etwas hinzufügen, dieses also erweitern, es teilweise reduzieren oder eliminieren. Auch hier gilt: Die Neukreation ist der Königsweg, aber äußerst selten. Oft beschreiten Unternehmen den Weg der Reduktion, Banken, die ihre Filialen auflösen, Discounter, die ein reduziertes Sortiment anbieten, Billigflieger, die auf Service verzichten et cetera. Beispiele für Erweiterungen sind: Modefirmen, die zwölf statt vier Kollektionen pro Jahr präsentieren, Automobilzulieferer, die sich vom Produkt- oder Baustofflieferanten zum integrierten Modulanbieter entwickeln, Kinokomplexe, die ihre Filme zu jeder halben Stunde vorführen, und so weiter. Manfred Bogdahn von der Firma *Flexi* aus Bargteheide beschritt den Königsweg. Er stellte sich einst die Frage, warum Hundeleinen standardgemäß eine fixierte Länge haben müssten, brach mit dieser Regel und erfand das Rollhalsband. Heute ist *Flexi* fester Bestandteil im Leben der meisten Hundehalter, und Manfred Bogdahn gehört mit seinem Unternehmen zu den über 800 deutschen Weltmarktführern.

Oft beschreiten Unternehmen den Weg der Reduktion, so wie die Brauerei *Oettinger*, die über eine konsequente Discountstrategie zur größten deutschen Brauerei wurde. Sie setzt nicht auf edles Image, wirbt wenig und wenn, schon gar nicht auf Hochglanz. Des Weiteren übergeht *Oettinger* den Getränkezwischenhandel und streicht diese Margen selbst ein.

Mit der Strategie des Weglassens schaffte das Kölner Bauunternehmen *Bauwens* den Durchbruch. Frühzeitig erkannten die Enkel Konrad Adenauers, dass das Angebot von Bauleistungen in Deutschland ohne große Zukunft ist. Bis dato unvorstellbar, verzichtet *Bauwens* weitgehend auf den klassischen Kern der Bauerstellung und konzentriert sich auf hochspezialisierte Aufgaben innerhalb des Baugewerbes: Marketing, Entwicklung und Projektmanagement. Damit einher geht eine klar nach Kundengruppen geführte Marktausrichtung. Das Kölner Bauunternehmen folgt durch sein Geschäftsmodell dem Beispiel von *Puma* und *Adidas*: Weitestgehender Verzicht auf die eigene Fertigung und Ausrichtung des Schwerpunkts auf das Organisieren der Marke. Heute ist *Bauwens* eines der wenigen erfolgreichen Bauunternehmen Deutschlands. Durch Erweiterung kreierte *Fressnapf* sein einzigartiges revolutionäres Geschäftsmodell, nach dem von Torsten Toeller gesetzten Motto:

»In Deutschland herrscht Rezession.
Wir haben beschlossen, uns nicht daran zu beteiligen!«

Ebenfalls auf dem Prinzip des Discounters gegründet, vertreibt der Spezialist für Heimtierbedarf aus Krefeld in seinen rund 700 Franchise-Filialen in Deutschland über 10 000 Artikel. *Fressnapf*-Gründer Torsten Toeller brach mit dieser Sortimentsbreite äußerst erfolgreich die goldene *Aldi*-Regel für Discounter, welche eine Konzentration auf einen überschaubaren Warenkorb mit extrem hohen Umsätzen pro Produkt definiert.

Es gibt zahlreiche Möglichkeiten, bestehende Geschäftsmodelle zu verändern. Wichtig ist es, alle diese Optionen unter dem Aspekt des Kundennutzens zu betrachten. Ziel ist es, zentrale Kundenprobleme sichtbar besser zu lösen als der Wettbewerb. Der ausgefeilteste Logikbruch ist nutzlos, wenn der Kunde nicht davon profitiert.

Die Kunst des fortgesetzten Regelbruchs

Oft sind Regelbrüche Einzelereignisse, Geistesblitze quasi, die einen Quantensprung beim Geschäftsmodell auslösen. Wir leben jedoch in einer schnelllebigen Zeit, in der sich solche Geistesblitze kaum dauerhaft verteidigen lassen.

Wie soll ein Regelbrecher also reagieren, wenn plötzlich alle dem gerade einzigartigen Beispiel folgen, und die Follower den Erfinder wie eine Meute hetzen? Reinhold Messner ist längst nicht mehr der einzige Bezwinger des »Daches der Welt« ohne Sauerstoff und seit der genialen Eingebung des »Dick« Fosbury springen heute alle erfolgreichen Hochspringer rücklings über die Latte und sogar viel höher als der einstige Pionier. Alle Regelbrüche in der Wirtschaft lösen Nachahmer aus:

Jeder Kreateur baut sich natürlicherweise mindestens einen Gegenspieler auf.

Auf *McDonald's* folgte *Burger King*, auf *Aldi* folgte *Lidl*, *Fressnapf* stand Pate für *Zoo & Co.*, *RyanAir* schuf *EasyJet* und *Hennes & Mauritz* wurde von *Zara* und *Mango* begleitet. Für gute Geschäftsmodelle gibt es keinen Patentschutz. Die Erfahrung zeigt jedoch, dass langfristiger Erfolg fast immer auf der Schaffung, aber auch der Weiterentwicklung eines ungewöhnlichen, »die Regeln brechenden Geschäftsmodells« beruht.

Regelbrüche und unternehmensinterne Innovationen können ständig und auf allen Ebenen stattfinden. Man muss sie nur wollen und zulassen und manchmal das »Undenkbare denken«. Und dies ist oft eine Frage der Kultur! Oder wie Volkmar Wywiol von der *Stern-Wywiol-Gruppe* berichten kann:

Ungewöhnliche Leistungen entstehen nur in einer Unternehmenskultur von Freiheit und Freiraum!

Zusammenfassung

Aus der Erfolgsfaktorenforschung ist bekannt, dass sich die Konzentration auf Kernkompetenzen, die Wettbewerbsposition, eine Differenzierung vom Wettbewerb und eine klare Positionierung am Markt positiv auf den Unternehmenserfolg auswirken.

Aldi, Ikea, Fielmann, aber auch mittelständische Unternehmen wie die Brauerei *Oettinger*, der Fachdiscounter *Fressnapf*, der Hundehalsbandhersteller *Flexi* oder das Bauunternehmen *Bauwens*, haben mit den bestehenden Regeln ihres Marktes gebrochen und damit den Grundstein ihres kometenhaften Erfolgs gelegt.

Langfristiger Erfolg beruht jedoch auf der Weiterentwicklung des Regelbruches, und das setzt eine Kultur voraus, die unternehmerisches, innovationsgetriebenes Denken auf allen Unternehmensebenen zulässt.

Kapitel 6

Strategie als Herzstück des Unternehmenserfolgs

In diesem Kapitel werden folgende Themen behandelt:

- Strategische Optionen: Ausschöpfen, Marktausweitung, Kompetenzausweitung, Mega-Chancen/Mega-Risiken
- Auswahl und Bewertung der richtigen Geschäftsfelder
- Positionierungsstrategien: Discount, More-for-Less und Premium
- Gestaltung der Wertschöpfungskette

In dieser schnelllebigen Zeit beginnen Unternehmer die Erstellung einer Strategie als sinnloses Unterfangen abzutun. Die Logik scheint ja auch bestechend einfach: Wie soll man denn in Zeiten, in denen man kaum vorhersagen kann, was im nächsten Monat passiert, Konzepte für fünf, sieben oder noch mehr Jahre entwickeln und auch umsetzen? So einleuchtend diese Logik erscheint, so falsch ist sie.

Fakt ist, dass heute wie zu allen Zeiten Entscheidungen von hoher strategischer Dimension getroffen werden. Marken werden aufgebaut, Kooperationen geschmiedet, Produkt- und Markenkonzepte verändert, Standorte verlagert et cetera. Es sind also nach wie vor Entscheidungen von langfristiger, weit reichender Bedeutung zu treffen, doch die Unsicherheit dieser Entscheidungen ist stark angestiegen.

Die Strategie ist das Herzstück des Unternehmenserfolgs. Es gilt: In stagnierenden Märkten führen austauschbare Leistungen zwingend zu einer negativen Renditeentwicklung. Da kein Markt auf Dauer wachsen kann, trifft diese Gesetzmäßigkeit auf alle Märkte und Marktteilnehmer zu. Die Strategie hat deshalb die Aufgabe, für nachhaltige Differenzierung zu sorgen, oder anders ausgedrückt:

Strategie = Differenzierung = Wettbewerbsvorteile

Eine vollständige Unternehmensstrategie muss zu den Bereichen Kernkompetenzen, Geschäftsfelder, Wettbewerbsvorteile und Positionierung, Gestaltung der Wertschöpfungskette und strategische Zielrichtung Aussagen treffen.

Kernkompetenzen: Die Seele Ihres Unternehmens

Während sich Wettbewerbsvorteile immer schneller entwerten, sind Kernkompetenzen für das verantwortlich, was ein Unternehmen Besonderes im Markt leistet. In letzter Konsequenz lassen sich alle Wettbewerbsvorteile auf Kernkompetenzen zurückführen.

Jegliche Differenzierung, Positionierung, jeder Logikbruch kann nur verwirklicht werden, wenn dafür die erforderlichen Kernkompetenzen als Basisfähigkeiten zur Verfügung stehen.

Kernkompetenzen sind die Grundlage für Ihre Einzigartigkeit und damit in ihrer Bedeutung für die Unternehmensstrategie nicht zu unterschätzen. Bei den vielen Analysen, die wir in Familienunternehmen in verschiedensten Größenordnungen durchgeführt haben, ist uns noch nie ein Unternehmen ohne Stärken begegnet, aber schon sehr viele ohne Kernkompetenzen!

Abbildung 24: Kernkompetenzen – Wettbewerbsvorteile – Unternehmenswert

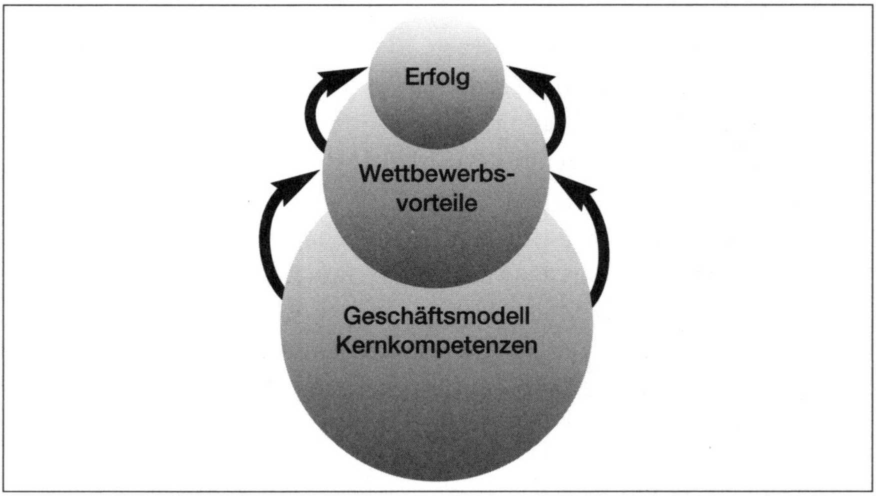

Abbildung 25: Kernkompetenzportfolio (in Anlehnung an: *Hamel, Prahalad*)

Hier liegt die Latte wesentlich höher. Es stellt sich also die Frage: Was war für den Erfolg des Unternehmens in der Vergangenheit besonders wichtig und welche entscheidenden Kernkompetenzen unterstützen uns dabei, den langfristigen Unternehmenserfolg in der Zukunft zu sichern? Ein hervorragendes Instrument, die strategischen Optionen zum Aus- und Aufbau von Kernkompetenzen darzustellen, findet sich im Kernkompetenzportfolio. Ein solches wird in Abbildung 25 dargestellt.

Im Kern gibt es für ein Unternehmen vier strategische Optionen:

Ausschöpfen: Im Mittelpunkt steht hier die Frage, wie die von Ihnen heute bereits bearbeiteten Marktsegmente mit den Kernkompetenzen, die Ihnen zur Verfügung stehen, noch besser ausgeschöpft werden können.

Die Kernkompetenz eines Produktionsbetriebes liegt in der reaktionsschnellen Bearbeitung von Kundenanfragen. Im Rahmen eines Workshops stellte sich jedoch heraus, dass Informationen für die Angebotsbearbeitung häufig nicht vollständig vorhanden waren und es deshalb immer wieder zu Rückfragen kam. Ziel war es also, die Qualität der abgegebenen Angebote zu erhöhen. Die Lösung lag darin, allen Vertriebsmitarbeitern eine systematische und einheitliche Produktbeschreibung auf Basis gleicher Kalkulationsdaten auszuhändigen. Weiterhin wurde das Wissensmanagement verbessert, indem man schnelle Zugriffe auf bereits erstellte Angebote ähnlicher Produkte ermöglichte. Ergebnis war eine deutliche Verbesserung von Qualität und Geschwindigkeit der abgegebenen Angebote, eine Senkung der Bearbeitungskosten und, damit verbunden, eine Zunahme der Kundenzufriedenheit. Sie agieren also wie bisher, nur preiswerter, schneller, individueller und besser. Natürlich sind hier keine Riesensprünge zu erwarten, doch nur ein Tor glaubt, dass er sich nicht verbessern kann. Es gilt das Motto:

Wer aufhört besser zu werden, hat aufgehört gut zu sein!

Marktausweitung: Bei dieser Option stellt sich die Frage, wie mit bestehenden Kernkompetenzen neue Märkte erschlossen werden können, welche Kernkompetenzen zur Verfügung stehen und in welchen Stufen der Wertschöpfungskette diese abgebildet werden. Darauf baut dann die Überlegung auf, ob diese Kompetenzen eine vertikale oder horizontale Ausdehnung der Wertschöpfungsstufen erlauben beziehungsweise ob sie in eine neue Branche übertragen werden können.

Die Kernkompetenz von *Tchibo* ist es, in jeder Stadt hochfrequentierte Convenience Outlets zu haben. Auf Basis dieser persönlichen Kundenbeziehung hat der Kaffeeanbieter mittlerweile seinen Markt erfolgreich auf das Produktspektrum »Non Food« ausweiten können. Mit seinen zusätzlichen Life-Style-Produkten, die unter dem Motto »Jede Woche eine neue Welt« günstig angeboten werden, erzielt *Tchibo* heute einen Umsatzanteil von 70 Prozent. Hier gilt das Motto:

Nach innen konzentrieren, nach außen differenzieren!

Kompetenzausweitung: Bei der Option Kompetenzausweitung werden Kernkompetenzen identifiziert, die zukünftig für den Erhalt oder Ausbau von Wettbewerbsvorteilen notwendig sind. Die Frage, die sich stellt, lautet:

»Was müssen wir morgen können, um unsere Kunden überdurchschnittlich zufrieden zu stellen oder sogar zu begeistern?« Denn es gilt:

Was heute gut ist, ist morgen sicher nicht gut genug!

Ein Ausruhen auf vorhandenen Kernkompetenzen lässt über die Zeit die Wettbewerbsvorteile schmelzen. Gerade wenn Sie neue Trends erkennen, die für Sie und Ihre Unternehmensbranche von Bedeutung sind, ist es wichtig, notwendige neue Kernkompetenzen aufzubauen.

Sony galt, als Erfinder des Walkmans und der Playstation, lange Zeit als führend im Bereich zukunftsweisender Technologien. Und während andere Unternehmen der gleichen Branche versuchten, aufzuholen und zu überholen, ruhte sich *Sony* noch auf seinen Lorbeeren aus. Die Folge war ein absinkendes Kompetenzniveau, eine Entwicklung vom Trendsetter zum müden Mitläufer. Daher gilt auch hier:

Das Bessere ist der Feind des Guten!

Mega-Chancen – Mega-Risiken: Wo liegen die größten Chancen Ihres Unternehmens? Vielleicht in Märkten, die Sie bisher noch nicht bedienen und für die Sie Kernkompetenzen benötigen, über die Sie heute noch nicht verfügen? Klingt nach einer Mega-Chance, doch damit verbunden ist auch ein Mega-Risiko. Je weiter man sich von seinen Kernkompetenzen und seinen bestehenden Märkten entfernt, desto höher ist auch die Wahrscheinlichkeit, dass das Unterfangen scheitert. Über 90 Prozent aller Diversifikationen gehen schief und vernichten Unternehmenswert!

Oft stellt sich die Frage: Ist Diversifikation sinnvoll oder nicht? Dazu kann man sagen: Wenn Sie es schaffen, in neuen Märkten beziehungsweise Unternehmenssegmenten eine führende Position zu erreichen, dann ist Diversifikation von hohem Wert. Die *Zollner Electronic AG*, ein EMS-Systemdienstleister aus Zandt, ist ein Beispiel dafür, dass Diversifikation sehr wertsteigernd sein kann. Das Unternehmen ist in 16 Geschäftsfeldern über die gesamte Wertschöpfungskette hinweg tätig. Vom Spezialisten für Elektrotechnik hat sich das Unternehmen damit zu einem der international erfolgreichsten EMS-Systemdienstleister entwickelt und gehört heute weltweit zu den Top 25. Auch Unternehmen wie *Haniel*, *Freudenberg*, *Heraeus* oder *Oetker* demonstrieren uns, dass eine Diversifikation durchaus sinnvoll sein kann. Wenn sie aber zu einer Aufsplittung der Märkte führt, denn werden sie zwar breiter, aber auch durchschnittlicher. Ein Unternehmen wie *Dürr* zeigt uns zum Beispiel, dass Diversifikation auch schief gehen kann. Vielleicht begnügen Sie sich dann doch lieber mit dem Spatz in der Hand, als nach der Taube auf dem Dach zu greifen. Märkte und Marktsegmente ändern sich immer schneller. Ihre Kernkompetenzen halten sich jedoch langfristig, denn:

Die Kernkompetenzen sind die Seele Ihres Unternehmens!

Sie müssen jedoch die Fähigkeit besitzen, Ihre Kernkompetenzen so auszurichten, dass sie unter immer neuen Marktbedingungen Kundennutzen schaffen!

Auswahl und Bewertung der richtigen Geschäftsfelder

Auf Grundlage der Kernkompetenzen können Geschäftsfelder ausgewählt und bewertet werden. Damit ein Unternehmen erfolgreich ist, muss es in möglichst optimaler Weise auf die Herausforderungen der Märkte reagieren, in denen es aktiv wird. Durch die Auswahl der Geschäftsfelder legt es gewissermaßen die Spielregeln fest, wie es agieren und seine zur Verfügung stehenden Ressourcen einsetzen möchte. Dabei kann es auch passieren, dass bisherige Geschäftsfelder nicht mehr zukunftsfähig sind und daher aufgegeben werden müssen. Das Stammgeschäft der *Haniel-Gruppe* war einst der Kohlenhandel, ein Geschäftsfeld, das es heute längst nicht mehr gibt. Dort hat man sich inzwischen von einem Geschäftsfeld getrennt, das nicht mehr attraktiv war.

Auch wenn Sie keinen Einfluss auf die Rahmenbedingungen Ihres Unternehmens und die Attraktivität des Marktes haben, bleibt Ihnen dennoch eine Entscheidung: Sie allein bestimmen, in welchen Geschäftsfeldern Sie tätig werden wollen!

Gehen Sie nur in Geschäftsfelder beziehungsweise bleiben Sie nur in Geschäftsfeldern, in denen Sie aufgrund Ihrer Kernkompetenzen eine führende Rolle spielen können.

Keine andere Größe korreliert, empirisch gesehen, so stark mit dem Unternehmenswert wie die Marktführerschaft. In einem ungeeigneten Tätigkeitsfeld ist daher auch mit größtem Engagement manchmal kein Erfolg möglich. Gerade beim Absatz ist es deshalb zwingend notwendig, sich auf möglichst »sinnvolle« Märkte zu konzentrieren, in denen das Unternehmen über besondere Wettbewerbsvorteile (mit dahinter liegenden Kernkompetenzen) verfügt und die gleichzeitig eine hohe Marktattraktivität besitzen. Viele Unternehmen tappen in eine strategische Falle und investieren in Geschäftsfelder, weil sie diese attraktiv bewerten. Doch Erträge folgen nur, wenn Sie es schaffen, eine gute Wettbewerbsposition aufzubauen. Durchschnitt im attraktiven Markt zu sein kann zu sehr schlechten Resultaten führen.

Natürlich machen attraktive Märkte das (Unternehmer-) Leben leichter. Im Pharmamarkt wird im Durchschnitt unbestritten besser verdient als im Baugewerbe. Doch glauben Sie mir: Lieber im Baugewerbe führend als im Pharmamarkt nur Durchschnitt!

In welchen Geschäftsfeldern Ihr Unternehmen zukünftig tätig werden soll ist eine grundlegende Entscheidung für den zukünftigen Unternehmenserfolg. Überlegen Sie sich deshalb genau, welche strategischen Felder aufgrund der verfügbaren Kernkompetenzen und unter Berücksichtigung der Marktbedingungen prinzipiell Erfolg versprechend sind.

Wettbewerbsvorteile: Be different!

In turbulenten Märkten entwerten sich Wettbewerbsvorteile immer schneller. Nachhaltig sind nur durch Kernkompetenzen abgestützte Wettbewerbsvorteile.

Kernkompetenzen bilden die Basis für Wettbewerbsvorteile und damit die Basis für nachhaltige Differenzierung vom Wettbewerb.

Viele Unternehmensstrategien scheitern, weil sie in ihrem Kern nicht auf Wettbewerbsvorteile ausgerichtet sind. Sie versäumen es, sich über folgende Fragen Gedanken zu machen: »Wie kann das Unternehmen seinen Kunden den größten Nutzen bieten, und wie profiliert es sich gegenüber den Wettbewerbern?« In diesem Zusammenhang sind die drei Ebenen der Differenzierung wichtig. Auf folgenden drei Ebenen kann sich ein Unternehmen differenzieren:

- produktbezogene Ebene,
- produktbegleitende Ebene,
- emotionale Ebene.

Produktbezogene Unterschiede: Hier geht es um die harten Faktoren. Produktqualität, Gebrauchstauglichkeit, technische Funktionalität, technologische Überlegenheit und auch das reine Preis-Leistungs-Verhältnis entscheiden. Wenn es Ihnen gelingt, Ihr Produkt mit kaufentscheidenden Produkteigenschaften auszustatten, die vom Wettbewerb nicht oder zumindest nicht in kurzer Zeit imitiert werden können, ist eine Differenzierung auf der produktbezogenen Ebene äußerst wirksam. Erfindungen wie das Navigationssystem, ABS, Mobiltelefone oder auch *Viagra* zeigen: In vielen Branchen kann man sich auch auf der Produktebene unterscheiden. In reifen Märkten wird dies allerdings immer schwieriger.

Abbildung 26: Möglichkeiten der Differenzierung

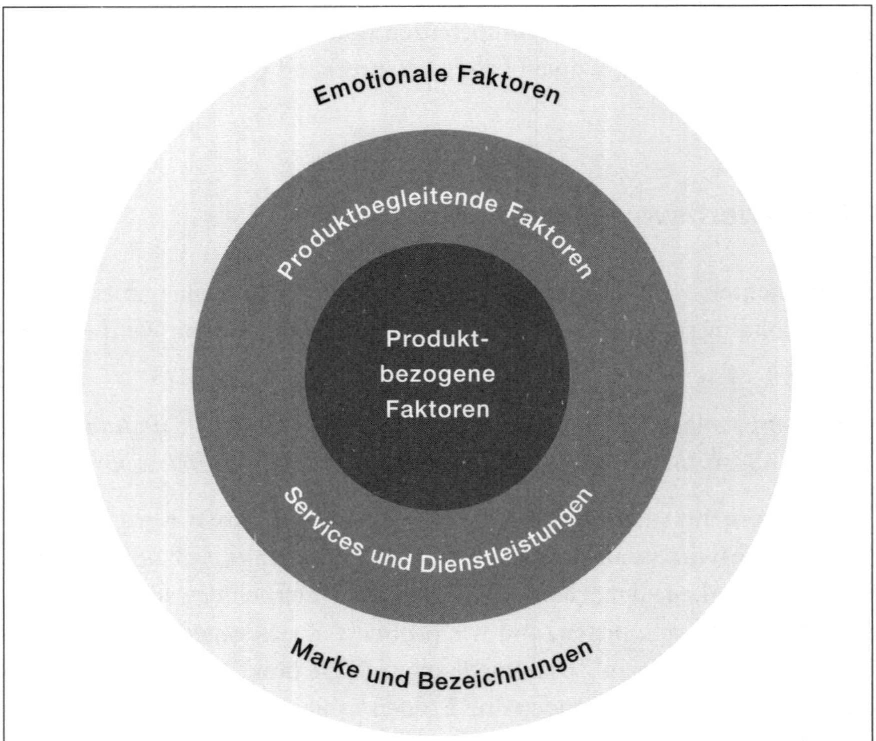

Auch in hart umkämpften Märkten bietet sich die Möglichkeit einer Differenzierung auf der reinen Produkt-/Leistungsebene. Ob es der Seitenairbag ist, ein neues innovatives Gewebe oder ein Medikament, das Transplantationen sichtbar macht – es gibt noch genügend Probleme zu lösen. Durch die zunehmende Dynamik der Veränderungen, die Adaptierung durch Mitbewerber, kürzere Produktlebenszyklen, sich schnell ändernde Kundenbedürfnisse et cetera ist die Hoffnung, mit echten Produktvorteilen dauerhafte Wettbewerbsvorteile zu schaffen, in der Praxis jedoch nur relativ selten von Erfolg gekrönt. Wer daher den Kern seiner Differenzierungsstrategie allein auf seine heutigen Produktvorteile ausrichtet, geht ein hohes Risiko ein.

Produktbegleitende Unterschiede: Produktbegleitende Unterschiede bezeichnen alle Aktivitäten vor und nach der Übergabe einer Leistung an den Kunden sowie eventuelle Zusatzleistungen. Beispiele sind eine besonders qualifizierte Beratung vor dem Kauf oder eine intensive Betreuung nach dem Kauf. Der Discount Broker *Cortal Consors* aus Nürnberg bietet beispielsweise heute schon weit mehr als nur preisgünstiges Agieren am Wertpapiermarkt. Und wer glaubt, dass der Erfolg von *McDonald's* nur auf dem Verkauf von Hamburgern basiert, der hat das dahinter stehende durchdachte Konzept dieses Stars unter den Systemgastronomen nicht verstanden.

Aber auch die Differenzierung über den Service ist inzwischen schwierig geworden. Mittlerweile nimmt der Kunde Service-Produkte und - Leistungen als selbstverständlich hin. Eine wirkliche Unterscheidung ist auch auf dieser Ebene nur schwer zu erreichen.

Emotionale Unterschiede: Zunehmend wichtig wird daher die Unterscheidung auf der emotionalen Ebene. In dem Maß, in dem Produkte und Leistungen immer austauschbarer werden, weil auch die Bereitschaft zum Kopieren immer höher wird, steigt der Wert der Beziehung des Unternehmens zu seinen Kunden. Daher gewinnt das Thema »Customer-Relationship« immer mehr an Bedeutung, und deshalb investieren immer mehr Unternehmen – zunehmend auch der Mittelstand – in Marken. Gelingt der Aufbau einer starken Marke, treten bei den Konsumenten unter Umständen funktionale Produktmerkmale zu Gunsten emotionaler Faktoren in den Hintergrund. Das Anders-Sein auf der Markenebene hilft Unternehmen, sich vom ruinösen Preiskampf loszulösen.

Eine sehr erfolgreiche Marke hat sich das Unternehmen *Wagner Tief-*

kühlprodukte GmbH, mit Sitz in Nonnweiler-Braunshausen, aufgebaut. Aus dem Nichts gründete der Bäckermeister Ernst Wagner 1969 das Unternehmen. Heute ist die *Wagner Tiefkühlprodukte GmbH* einer der größten Hersteller von Tiefkühlprodukten im Premiumbereich in Europa, der Umsatzanteil in Deutschland allein beträgt über 33 Prozent. Dank hoher Qualität, ständigen Innovationen, einer konsequenten Markenpolitik und eindeutigen Produkt-Differenzierungen hat sich Wagner zu einer starken Marke entwickelt, die nach dem Motto »Einmal Wagner – immer Wagner« für höchste emotionale Bindung sorgt.

Über eine sehr starke Marke, im B-to-B-Bereich, verfügt auch das Unternehmen *Hoffmann Group* aus München. Das 1919 gegründete Unternehmen ist Europas führender Systempartner für Qualitätswerkzeuge. Unter der Exklusivmarke *Garant* positioniert das Unternehmen mit rund 12.000 *Garant*-Produkten aus allen Werkzeugbereichen, die mittlerweile für einen jährlichen Umsatz von über 100 Millionen Euro sorgen. Ausgestattet mit den Merkmalen neuester Technik, Top-Qualität und exzellentem Preis-/Leistungsverhältnis belegt die Marke *Garant* im Bereich Zerspanung damit mittlerweile deutschlandweit den vierten Rang.

Oder auch die Privatbrauerei *Gaffel Becker & Co.* aus Köln, die 1908 gegründet wurde, und heute von den geschäftsführenden Gesellschaftern Heinrich und Johannes Becker in der vierten Generation mit weiterhin großem Erfolg geführt wird. Der hochgradige Nischenplayer mit Hauptabsatzgebiet im Regierungsbezirk Köln hat sich über die Marke *Gaffel* im Gastronomiebereich für Kölsch zur Nummer eins etabliert und gehört zu den Top 10 der deutschen Fassbiermarken. Marken, die stark sind, sind immer auch anders. Und Marken, die anders sind, sind meistens auch relevant für den Konsumenten. Es gilt:

Anders ist besser als besser!

Häufig werden Entscheidungen eben nicht nur unter rationalen Gesichtspunkten getroffen, sondern auf der Basis persönlicher Beziehungen, die zu einem hohen Maß an Kundenloyalität und Kundenbindung führen, das auf der Ebene der Rationalität kaum erreichbar ist. Die Praxis zeigt jedoch: Starke Marken stammen immer aus Unternehmen, in denen die oberste Unternehmensebene das Management der Marke als ureigene Führungsaufgabe ansieht, ernst nimmt und die nötigen Ressourcen für die strategische und operative Markenführung zur Verfügung stellt.

Die Vorraussetzung für eine flexible Anpassung an immer schneller erfolgende Marktveränderungen ist eine starke Kundenbeziehung, die Ihr Unternehmen in die Lage versetzt, immer wieder neue Lösungen zu entwickeln und damit eine hohe Kompetenz und Akzeptanz zu erreichen. Es wird heute wie auch morgen gelten:

Erfolgreiche Unternehmen lösen zentrale Probleme ihrer Kunden sichtbar besser als andere!

Ihre Aufgabe ist es, aus den kaufentscheidenden Faktoren Ihrer Kunden einen Wettbewerbsvorteil zu generieren, indem Sie sich nachhaltig auf den Ebenen Produkt, Service und Beziehungen differenzieren.

Positionierung: Nur Nullen haben keine Ecken

Entscheidend für den Erfolg eines Unternehmens – und hier für Rendite und Wachstum – ist es, gestützt auf seine Kernkompetenzen, darüber hinaus eine Positionierungsstrategie im Markt zu realisieren, die dem Unternehmen die Chance bietet, in seinem Segment eine Art Alleinstellung zu erzielen. Betrachten wir die heutigen Marktstrukturen, dann lassen sich drei erfolgreiche Basis-Positionierungs-Strategien beobachten:

- Positionierung im »Discount«-Bereich durch operative Exzellenz.
- Positionierung im »More-for-Less«-Bereich durch Mehrwert.
- Positionierung im Bereich »Premium« durch Image und Höchstpreise.

Bereich »Discount«: Unternehmen mit dieser Positionierung unterscheiden sich gegenüber ihren Mitbewerbern auf der Preisebene. Leistungen werden, auf der Grundlage operativer Exzellenz, zum optimalen Preis-Leistungs-Verhältnis angeboten. Aufgrund ihrer Struktur, ihrer hohen Prozesskompetenz und ihres verfolgten Geschäftmodells arbeiten Discounter trotz des relativ niedrigen Preises profitabel. Dass ihre angebotene Qualität aus Kundensicht in Ordnung sein muss, versteht sich von selbst. Um die Position des Kostenführers zu erreichen, verzichten Discounter jedoch in der Regel auf eine breite Produktpalette und damit auf die Bearbeitung spezieller, mar-

Abbildung 27: Erfolgsstrategien in stagnierenden Märkten
(in Anlehnung an: *Gleißner, W.; Weissman, A., 2001, Kursbuch Unternehmenserfolg*)

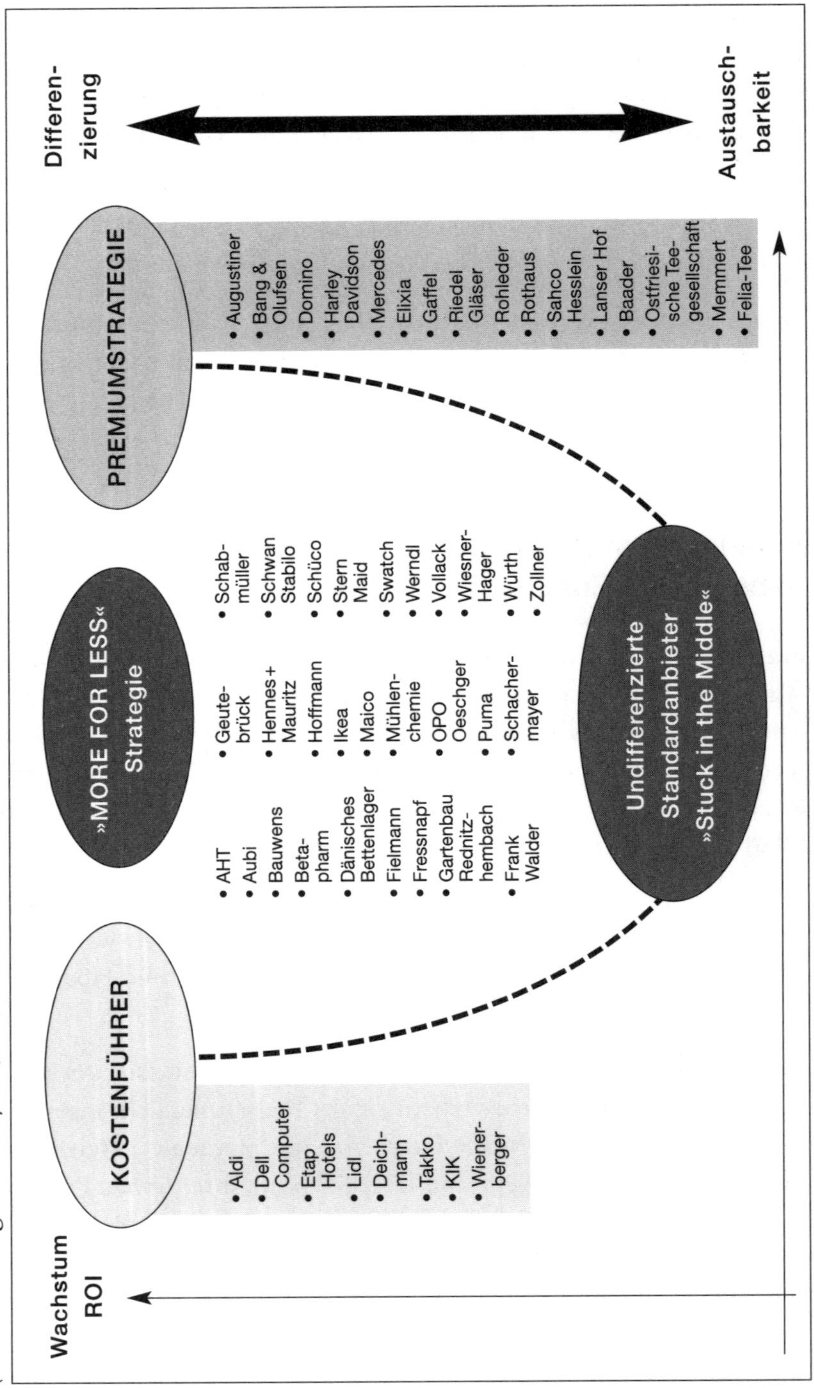

ginaler Marktsegmente. Ziel ist die Ansprache einer breiten Kundengruppe, um die auf Skaleneffekten – mit zunehmender Stückzahl fallende Stückkosten – beruhenden Kosteneinsparungen zu realisieren.

Das berühmteste Beispiel aus dem Bereich »Discount« ist *Aldi*. Durch hochstandardisierte Prozesse und ein sehr enges Produktsortiment (600 bis 800 Basisartikel) hat sich *Aldi* zu einem der erfolgreichsten Unternehmen weltweit entwickelt. Trotz der niedrigen Preise realisiert *Aldi*-Süd eine Umsatzrendite vor Steuern von mehr als 6 Prozent, während das durchschnittliche Unternehmen im Lebensmittelbereich die 1,5-Prozentmarke nur in Ausnahmefällen überschreitet. Weitere erfolgreiche Beispiel aus dem Discount-Bereich sind *Lidl*, *KIK*, *Deichmann* oder *RyanAir*. Sie alle haben es geschafft, trotz günstiger Preise eine Kapitalverzinsung zu erzielen, die ihresgleichen in der jeweiligen Branche sucht.

Bereich »More-for-Less«: Bei der »More-for-Less«-Strategie werden preisgünstige Angebote mit einem zusätzlichen Nutzen, dem so genannten »Added Value«, gepaart. Dieser Zusatznutzen rechtfertig den höheren Preis im Vergleich zum Discounter. So gibt es billigere Uhren als die *Swatch*. Durch den Zusatznutzen »schickes Design« sind die Kunden jedoch bereit, einen Preisaufschlag (zum Beispiel gegenüber einer *Casio*-Uhr) zu akzeptieren. Ein anderes Beispiel ist die Firma *Hoffmann* (Werkzeuge), die durch ein ausgeklügeltes Bestell- und Logistiksystem ihre Kunden innerhalb von 24 Stunden beliefern kann, und diesen Mehrwert bezahlt der Kunde gern.

Eines der bekanntesten Unternehmen aus dem »More-for-Less«-Bereich ist das Textilunternehmen *Hennes & Mauritz*, das seinen preisgünstigen Angeboten den Zusatzwert »modisch« verleiht. Die Unternehmen *Zara* und *Mango* zeigen, dass oft auch für mehrere Unternehmen der gleichen Branche im gleichen Positionierungs-Segment Platz besteht.

Bereich »Premium«: Die dritte Möglichkeit, sich zu positionieren, besteht im »Premiumbereich«. Unternehmen in diesem Segment verfügen über eine starke Marke, häufig gepaart mit einer hohen Innovationskompetenz und starker Kundennähe. Sie entziehen sich über diese Differenzierung dem Preiswettbewerb und können damit die höchsten Preise in ihrem Markt durchsetzen. Produkte in diesem Bereich sind nicht nur hochwertige Artikel, sondern verhelfen ihren Käufern zu Prestige.

Eine solche Differenzierungsstrategie verlangt eine Marktsegmentierung.

Nicht alle potenziellen Kunden sind bereit oder fähig, die geforderten Spitzenpreise zu bezahlen. Premium-Anbieter müssen somit in der Lage sein, Bedürfnisse ihrer Zielgruppe genau zu erfassen und darauf ihr Leistungsangebot abzustimmen.

Wenn man eine Sache gut machen will, kann man sie nicht für jeden machen!

Unternehmen, die dieses Segment besetzen, sind zum Beispiel *Porsche* (Automobile), *Sahco Hesslein* (Textilverlag) oder *Harley Davidson* bei Motorrädern.

Innerhalb dieser drei Basisstrategien muss sich ein Unternehmen entscheiden, ob es seine Positionierung auf den Gesamtmarkt oder eine Nische anwenden will.

Doch auch noch eine vierte Positionierung gibt es. Unternehmen, die keine der drei genannten Positionierungen einnehmen, kommen in ein Segment, das sich als »zwischen den Stühlen« charakterisieren lässt. Getreu dem Motto »Nur Nullen haben kein Ecken« sind diese Unternehmen weder preiswert noch bieten sie einen Zusatznutzen. Auch wenn Abbildung 27 dies nicht deutlich macht: In diesem Bereich der austauschbaren Leistungen befindet sich leider der größte Teil, schätzungsweise um die 80 Prozent, aller Unternehmen. Diese Positionierung führt jedoch in den häufig stagnierenden Märkten von heute zwingend zu einer negativen Renditeentwicklung. Wie Sie sich denken können, stammt auch der Großteil der Insolvenzen aus dem Bereich der austauschbaren Anbieter.

Etwas vereinfachend ausgedrückt sichert die Positionierungsstrategie eine überdurchschnittliche Rendite und schafft zudem die Basis für ein renditebewahrendes Wachstum. Ein wichtiger Aspekt Ihrer Strategie ist daher die richtige Positionierung.

Gestaltung der Wertschöpfungskette

Wahre Champions passen sich nicht adaptiv an, sondern sie brechen die Logik ihres Marktes! Über die Neugestaltung von Wertketten entwickeln erfolgreiche Unternehmen Regelbrüche und differenzieren sich dadurch nachhaltig von ihren Mitbewerbern. Kernkompetenzen sind dabei von tragender Bedeutung. Ob Sie eine Aktivität selbst ausführen oder auslagern, hängt in hohem Maße davon ab, inwieweit diese von Kernkompetenzen untermauert ist und dadurch zu Wettbewerbsvorteilen führt. Achten Sie immer darauf: Elemente aus dem Bereich der Kernkompetenzen können niemals ausgelagert werden, es sei denn, Sie möchten Ihr Unternehmen in größte Gefahr bringen. Dagegen sind alle Prozesse, die nicht zu Ihren Kernkompetenzen gehören, zumindest auf eine Prüfliste zu setzen.

Es gibt keine Möglichkeit, den Wert schneller zu steigern als durch das Weglassen nicht-wertschöpfender Tätigkeiten.

Kaum ein Unternehmen kann in allen Bereichen der Wertschöpfungskette Spitzenkompetenzen erbringen. Um die Rentabilität zu sichern, müssen Sie sich zunächst überlegen, wie Sie Ihre Wertschöpfungskette gestalten wollen.

Als »Integrator« halten Sie, wie *H&M* oder die Firma *Zollner*, die Wertschöpfungskette von der Erstellung bis zum Verkauf an den Endkunden größtenteils unter eigener Kontrolle. Sie weisen also nahezu keinen Fremdbezug auf und optimieren damit die Transaktionskosten zwischen den einzelnen Stufen. Durch ein hohes Maß an Autarkie und den Vorteil, auf andere keine Rücksicht nehmen zu müssen, sind Sie in der Lage, innerhalb jeder Stufe Wettbewerbsvorteile in den Bereichen Zeit, Kosten, Qualität und Individualität aufzubauen.

Sind Sie hingegen kaum noch produzierend tätig und konzentrieren sich, wie *Adidas* oder *Puma* oder auch das Bauunternehmen *Bauwens* aus Köln, auf die Aktivitäten, die im Markt differenzierend wirken, nennt man diese Wertschöpfungsarchitektur »Netzwerkspieler«. Über die geschickte Koordination arbeitsintensiver und zudem austauschbarer Wertschöpfungsaktivitäten gelingt es Ihnen, einen erheblichen Mehrwert zu generieren.

Wenn Sie sich innerhalb der Wertschöpfungskette auf ein Leistungssegment konzentrieren, in dem Sie besonders stark sind, und dieses branchenübergreifend ausführen, nennt man Sie einen »Funktionsspezialisten«. Bei dieser Architektur gelingt es Ihnen, innerhalb des Marktes verteidigungsfähige Wettbewerbsvorteile aufzubauen.

Aus Angst vor Abhängigkeiten tendieren Unternehmen häufig dazu, möglichst viele Leistungen im eigenen Haus zu erbringen. Zwar verfügen diese Firmen über ein Höchstmaß an Autarkie, aber auch hier gibt es eine Kehrseite der Medaille. Wenn erst einmal alles im Eigenbesitz des Unternehmens ist, dann besteht der Zwang, vorhandene, teuer aufgebaute Kapazitäten auch auszulasten. Die Flexibilität des Unternehmens kann dadurch sehr nachhaltig beeinflusst werden. Strategisch empfehlenswert ist die Auslagerung von Wertschöpfungsaktivitäten, deren relative Kompetenz und strategische Bedeutung niedrig sind. Die Vorteile eines erfolgreichen Outsourcings liegen auf der Hand: Sie können sich auf Ihre Kernkompetenzen konzentrieren und vergeuden keine Energie mehr mit Leistungen, die nicht wertschöpfend wirken. Aufgrund der meist begrenzten finanziellen Ressourcen gewinnt Outsourcing damit besonders für klein- und mittelständische Unternehmen immer mehr an Bedeutung.

Strategisches Oberziel: Nachhaltig profitabel mit vertretbarem Risiko gesund wachsen!

Strategisches Oberziel und Erfolgsindikator des Unternehmens ist der nachhaltig geschaffene Unternehmenswert. Rendite, Wachstum und Risiko sind hier die maßgeblichen Wertreiber. Damit ergibt sich als strategisches Oberziel eines Unternehmens:

Wir wollen nachhaltig profitabel mit vertretbarem Risiko gesund wachsen.

Dass diese Komponenten keine konkurrierenden Ziele darstellen, zeigen uns Unternehmen wie die *Adolf Würth GmbH & Co. KG,* die seit 50 Jahren ein zweistelliges Umsatzwachstum verzeichnet und dabei äußerst rentabel ist, oder der Baudienstleister *Vollack Parkhaus AG West* aus Wesseling/Köln, der heute mit 300 Mitarbeitern an 9 Standorten mit 13 Unternehmen in ganz Deutschland und einem Umsatz von 130 Millionen Euro vertreten ist und äußerst gesund wächst. Ein weiteres Beispiel ist die Firma *Fressnapf*, die im Jahr 2004 ihren Umsatz um rund 17 Prozent steigern konnte, während der Rest der Branche bei 2 bis 3 Prozent lag. Die Rentabilität des Unternehmens steht dabei außer Frage.

Zur Erreichung des strategischen Oberziels »nachhaltig profitabel mit vertretbarem Risiko gesund zu wachsen« müssen Sie strategische Hauptziele beziehungsweise Stoßrichtungen festlegen, die zu einer Verbesserung der Werttreiber Rendite, Wachstum und Risiko führen. Folgende Wirkungen sollen erzielt werden:

- Wachstum: Steigerung der Gewinne und des Cash-Flows durch eine Steigerung des Umsatzvolumens.
- Rentabilitätssteigerung: Steigerung der Gewinne durch eine effizientere Nutzung des Umsatzpotenzials sowie eine Optimierung des Kapitaleinsatzes.
- Risikoreduzierung: Weniger Risiko (besseres Rating) bei gleichen Gewinnen.

Ausgehend von diesen drei Werttreibern des Unternehmens kann man drei strategische Stoßrichtungen als Hauptvarianten unterscheiden:

1. Wachstums-Strategien
   - Wachstum über Verdrängung (durch neue Produkte, besseren Service, bessere Marke et cetera);
   - Wachstum über Innovation (produktbezogen, produktbegleitend, emotional, Vertriebsausweitung);
   - Wachstum über Kooperation (produktbezogen, servicebezogen, beim Markenkauf et cetera);
   - Wachstum über Zukauf (von Lieferanten, Märkten, Wettbewerbern et cetera).

2. Rentabilitätsorientierte Strategien (produktions- beziehungsweise kostenorienterierte Strategien)
   - Reduzierung der Kosten (Herstellungs-, Verwaltungs-, Vertriebs-, Entwicklungskosten et cetera);
   - Optimierung der Kapitalbindung in Anlage- und Umlaufvermögen;
   - Produktivitätssteigerung.

3. Risikoorientierte Strategien
   - Reduzierung von Risiken (Vermeidung, Verminderung oder Transfer auf Dritte);
   - Steigerung des Risikodeckungspotenzials (Eigenkapitalausstattung, Liquiditätsreserven et cetera).

Als allgemeine Faustregel zu den drei strategischen Stoßrichtungen lässt sich festhalten:

- Rentabilitätsstrategien zeigen meist kurzfristig die höchste Wirkung.
- Im Hinblick auf Basel II stellen risikoorientierte Strategien, bei einem ungünstigen Verhältnis von Risiko und Risikodeckungspotenzial, den größten Stellhebel dar.
- Wachstums-Strategien weisen eine relativ lange Umsetzungszeit aus, stellen dabei jedoch den größten Werthebel dar.

Im Sinne eines wert(e)orientierten Unternehmenssteuerungssystems geht es darum, jede Strategie systematisch in ihrer Wirkung auf die zukünftige Rendite, das zukünftige Wachstum und das zukünftige Risiko abzubilden. Wie Reinhold Würth weiß, gilt dabei folgender Grundsatz:

1. Rendite ohne Wachstum ist tödlich.
2. Wachstum ohne Rendite ist auch tödlich – dauert nur länger!

Ein gutes Unternehmen wird immer verschiedene Optionen zur Umsetzung der strategischen Stoßrichtung gegeneinander abwägen, nach dem Grundsatz

»Handle stets so, dass neue Möglichkeiten entstehen.«
(Norbert Wiener)

Diese Stoßrichtungen ergeben sich aus der Weiterentwicklung der Kernkompetenzen, der Auswahl der Geschäftsfelder, der strategischen Positionierung und der Gestaltung der Wertschöpfungskette. Sollte dies aus Ihrer Sicht nicht der Fall sein, lösen Sie das Problem, indem Sie die beiden Optionen unterscheiden:

Weiter wie bisher *oder* *Anders als bisher*

Wägen Sie ab, welche strategischen Optionen für Ihr Unternehmen am besten geeignet sind, nachhaltig profitabel mit vertretbarem Risiko gesund zu wachsen. Ausschlaggebend ist, welche Option zum größten messbaren Mehrwert führt. Dazu müssen Sie selbstverständlich wissen, welches die maßgeblichen Werttreiber jeder Geschäftseinheit sind, um an den richtigen Stellen zur Steigerung des Unternehmenswertes ansetzen zu können.

Mit Hilfe verschiedener Softwarelösungen (wie zum Beispiel dem von *Asrap* entwickelten System der integrativen Verknüpfung von Variablen zur Dynamisierung des Kapitalflusses) lassen sich die strategischen Optionen leicht und sicher bewerten.

Zusammenfassung

Die Strategie ist das Herzstück Ihres Unternehmenserfolgs. Sie hat die Aufgabe, für nachhaltige Differenzierung zu sorgen, denn in stagnierenden Märkten führen austauschbare Leistungen zwingend zu einer negativen Rendite.

Eine gute Strategie trifft Aussagen zu den Bereichen Kernkompetenzen, Geschäftsfelder, Wettbewerbsvorteile und Positionierung, Gestaltung der Wertschöpfungskette (In-/Outsourcing) und strategische Ziele (Rendite/Wachstum/Risiko). Strategisches Oberziel eines Unternehmens ist es, nachhaltig profitabel mit vertretbarem Risiko gesund zu wachsen.

Kapitel 7

Das Unternehmenscockpit

In diesem Kapitel werden folgende Themen behandelt:

- Das Unternehmen als System von Wechselwirkungen
- Konfiguration des Cockpits
- Die wichtigsten Kennzahlen
- Operationalisierung des Cockpits
- Stolpersteine der Umsetzung

Als Führungskraft haben Sie eine vergleichbare Position wie der Pilot eines Flugzeugs, mit dem einzigen Unterschied, dass Sie ein Unternehmen steuern. Sie manövrieren Ihr »Gefährt« zuweilen durch Turbulenzen und Sie haben dabei eine äußerst verantwortungsvolle Aufgabe.

Haben Sie schon einmal darüber nachgedacht, warum circa 99,63 Prozent aller Flugzeuge an ihrem Zielflughafen ankommen? Die Gründe sind einfach erklärt:

- Das Navigations-System braucht seine gegenwärtigen Koordinaten (Eigensituations-Analyse).
- Das Ziel wird präzise erfasst (zum Beispiel London Heathrow, Landebahn 1).
- Der Weg zum Ziel wird präzise digital erfasst (Strategie).
- Bei Turbulenzen (siehe S-T-E-P) erfolgt permanente Kursanpassung, während das Ziel niemals verloren geht.
- Der Pilot hat während des gesamten Fluges alle wesentlichen Informationen in seinem Cockpit.

Kein Pilot käme auf die Idee, sein Flugzeug ohne Instrumentenanzeige zu steuern. Warum lassen sich dann so viele Führungskräfte auf dieses doch ganz offensichtlich höchst gefährliche Unterfangen ein? Schaffen Sie sich daher idealerweise ein Cockpit an, das mit wenigen aussagekräftigen Kennzahlen die Logik Ihres Unternehmens abbildet. Steuern Sie mit einem Frühwarnsystem, das Ihnen rechtzeitig hilft, den Kurs zu korrigieren.

Schlüsselelemente

Jedes strategische Steuerungssystem, so auch das Unternehmenscockpit, steht und fällt mit einer zuvor sorgfältig ausgearbeiteten Unternehmensstrategie (Strategieentwicklung) und den daraus folgenden strategischen Ober- und Unterzielen.

Diesen Zusammenhang wollen wir nochmals durch ein einfaches Bild verdeutlichen: Sehen Sie Ihr Unternehmen für diesen Moment einmal als Schiff, welches Sie als Unternehmenslenker, also als Kapitän, durch den Ozean des Wettbewerbs und der Märkte navigieren. Um Ihr Schiff sicher in den Zielhafen steuern zu können, müssen Sie nicht nur Ihre aktuelle Position, sondern auch den zuvor erklärten Zielhafen kennen. Ihr Navigationssystem, das Unternehmenscockpit, hilft Ihnen dabei, Ihr Schiff ausgehend von Ihren momentanen Koordinaten, also Ihrem Ist-Standort, hin zum angestrebten Ziel (Vision) präzise auf Kurs zu halten. Dabei wirkt das Cockpit wie ein Katalysator oder gar ein Turboantrieb auf Ihr Schiff: Dies wird die Geschwindigkeit und die Präzision, mit der Sie Ihre Besatzung und Ihre Fracht durch den Wettbewerbs-Ozean lenken, immens verstärken. So werden Sie sicher mit uns übereinstimmen, dass Sie, um nicht mit »voller Kraft voraus« auf das falsche Ziel zu steuern, nicht nur eine exakte Standortbestimmung benötigen, sondern auch das Ziel und die Route Ihrer Reise kennen müssen. Kurz: Sie müssen eine Strategie haben. Daher ist die Grundvoraussetzung für eine richtige und nachhaltige Wirkung Ihres Unternehmenscockpits eine Überprüfung Ihrer Unternehmensstrategie. Dass Strategieentwicklung und -umsetzung professionell gehandhabt werden müssen, weiß auch Paul Atzwanger von der *Atzwanger AG* in Bozen:

»Für uns als international tätiges mittelständisches Unternehmen ist ein analytisch einwandfreier und systematischer Ansatz in der Strategiedefinition sowie Exzellenz und Professionalität in der operativen Umsetzung unabdingbar.«

Führen Sie also einen Strategie-Check durch und erarbeiten Sie mit Ihrer Besatzung ein vollständiges strategisches Konzept. Wenn Sie dieses Konzept im Tagesgeschäft zum Leben erwecken wollen, müssen Sie dafür sorgen, dass bei Ihren Führungskräften die zentralen Aussagen der verfolgten Strategie präsent sind. Deshalb müssen Sie die wichtigsten Aussagen der verabschiedeten Unternehmensstrategie auf die wesentlichen Sachverhalte verdichten. Sie müssen die »Schlüsselelemente« aus Ihrer Unternehmensstrategie filtern. Diese bilden die Basis des Unternehmenscockpits.

Die Schlüsselelemente sind die Erfolgsfaktoren Ihres Unternehmens.

Arbeiten Sie dazu mit Ihrem Führungsteam aus jeder Seite Ihres Strategiepapiers die wichtigsten Aussagen in Schlagworten oder Zielen heraus. Verleihen Sie jedoch nur den echten »Must-Win-Battles« den Ritterschlag zum Schlüsselelement. So gewährleisten Sie bereits in dieser frühen Phase, dass Ihr Unternehmenscockpit nur steuerungsrelevante Informationen und kein Meer an nutzlosen Daten enthält. Darüber hinaus stellen Sie sicher, dass Ihre Mitarbeiter auch im Strategiealltag »strategiekonform« entscheiden.

Allen Unternehmen, egal welcher Branche oder Größe, ist gemeinsam, dass ihre Mitarbeiter Produkte oder Dienstleistungen erbringen, die bei Kunden oder auf Märkten abgesetzt werden. Diese Handlungen führen zu Ausgaben und Einnahmen, die sich im Finanzergebnis widerspiegeln. Aus dieser Grundlogik heraus sind die vier Perspektiven

- Markt/Kunde
- Prozesse
- Mitarbeiter/Führen/Lernen
- Finanzen/Risiko

als strukturierende Elemente für das Unternehmenscockpit definiert worden. Die Erfinder dieses Systems, der Harvard-Professor Robert Kaplan und der Unternehmensberater David Norton, verfolgten damit das Ziel, mit den Unzulänglichkeiten klassischer Finanzkennzahlensysteme aufzuräumen. Reine Finanzdaten wie Deckungsbeiträge, Gewinn oder Umsatz bilden immer nur die Vergangenheit ab und sind somit nicht mehr als ein Blick durch den Rückspiegel. Die von Kaplan und Norten formulierte Balanced Scorecard wird in Abbildung 28 dargestellt. Für den Blick nach vorne und die Aufstellung eines ausgewogenen Zielsystems ist eine Ergänzung um die Treiber zukünftigen Erfolges, wie Prozesse oder Mitarbeiterpotenziale, notwendig.

Abbildung 28: Balanced Scorecard nach Kaplan und Norton

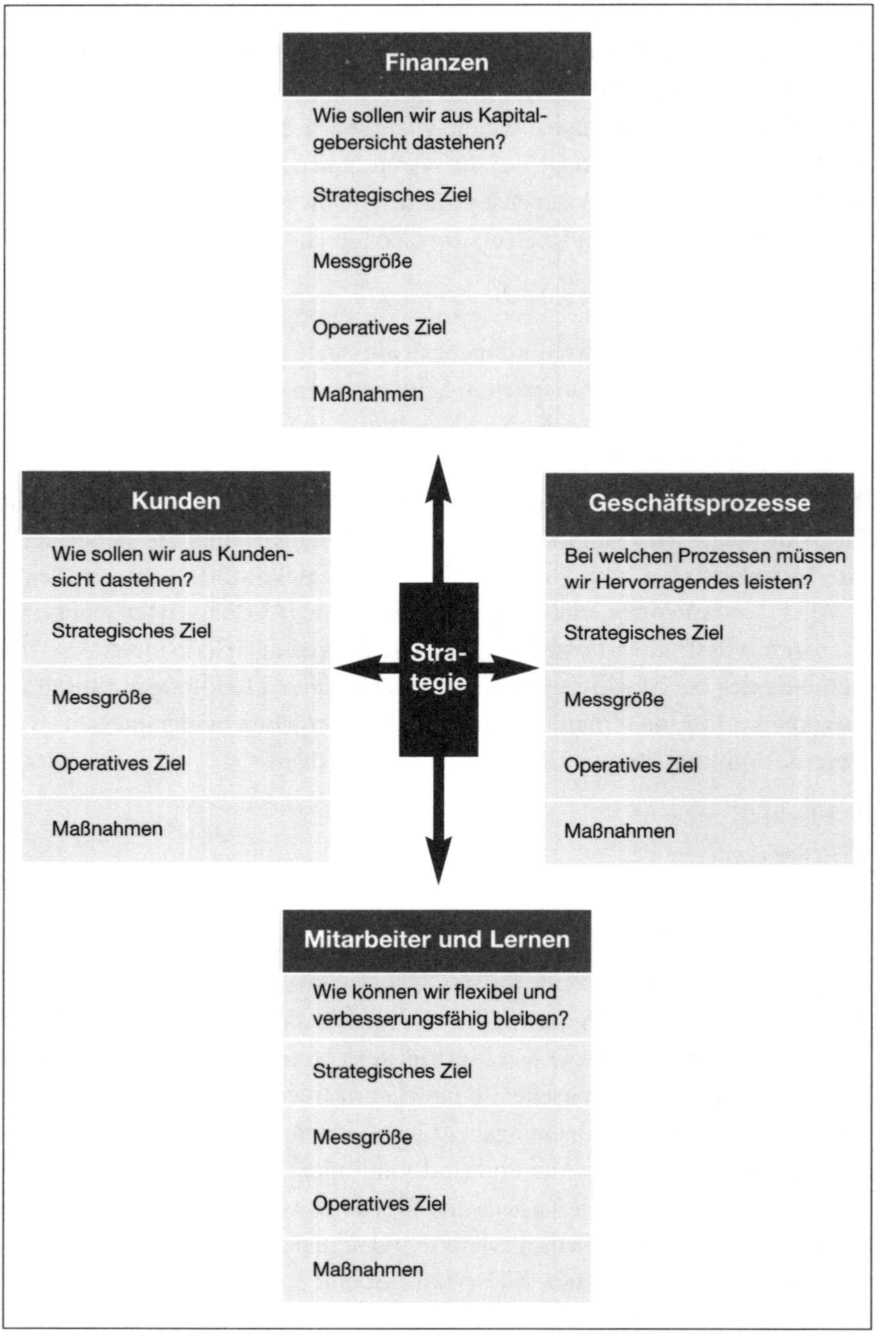

Aus der Betrachtung der Perspektiven Markt/Kunde, Prozesse, Mitarbeiter/Führen/Lernen und Finanzen/Risiko ergibt sich die Möglichkeit, den Stand der Zielerreichung, das heißt der Umsetzung der Strategie, regelmäßig zu überprüfen und erforderliche Korrekturmaßnahmen einzuleiten. Eine Erweiterung der Perspektiven ist unternehmensindividuell möglich. Einer unserer Kunden aus der chemischen Industrie definierte beispielsweise die »Gesellschaftsperspektive« als fünfte Perspektive. Hier steuert das Unternehmen an, Auflagen, Erwartungen von Behörden oder der Gesellschaft bezüglich Umweltbedingungen und Lebensqualität im Auge zu behalten, und bringt diese in Einklang mit Unternehmenszielen. Bei der Aufnahme weiterer Perspektiven ist jedoch wichtig, dass die Komplexität des Cockpits für Sie handhabbar und die Übersichtlichkeit erhalten bleibt. Sie als Manager müssen folgende Fragen beantworten:

1. Wie wollen Sie sich aus Kundensicht präsentieren?
2. Bei welchen Prozessen müssen Sie welche Leistungen erbringen?
3. Wie können Sie als Arbeitgeber die richtigen Mitarbeiter gewinnen, weiterentwickeln und langfristig an das Unternehmen binden?
4. Wie können Sie für (potenzielle) Kapitalgeber attraktiv sein?

Die identifizierten Schlüsselelemente werden nun jeweils einer der vier Perspektiven zugeordnet. Dabei erkennen Sie, wie ausgewogen Ihr Zielsystem bereits in diesem Stadium der Cockpitentwicklung ist.

Eine natürliche Abgrenzung zwischen den Dimensionen Prozesse und Markt/Kunde ist die Unterscheidung in Kosten und Umsatz. So werden die Schlüsselelemente, welche maßgeblich den Umsatz beeinflussen, der Markt-/Kundenperspektive, und solche, die in erster Linie Kosten darstellen beziehungsweise erklären, der Prozessperspektive zugeordnet.

Unsere Erfahrung zeigt, dass Unternehmen häufig weit mehr als die angestrebten 20 Schlüsselelemente identifizieren. Gehen Sie deshalb die gefundenen Schlüsselelemente noch einmal durch und bewerten Sie die Faktoren hinsichtlich Wichtigkeit und Kongruenz. Streichen Sie anschließend die Dubletten und die »relativ« Unwichtigen.

Kausalnetz

So wie die Bildung die Fähigkeit ist, die verborgenen Zusammenhänge zwischen den Phänomenen zu erkennen, so ist eine systemische Unternehmenssteuerung nichts anderes als die Fähigkeit, frühzeitig die Ursachen für die Entwicklung eines Unternehmens zu erkennen und rechtzeitig die richtigen Maßnahmen einzuleiten.

Jedes große Problem war einmal klein!

Im Unternehmenscockpit werden daher die vier entscheidenden Perspektiven Markt/Kunde, Prozesse, Mitarbeiter/Führen/Lernen und Finanzen/Risiko vernetzt und in einen Zusammenhang gestellt. An der Spitze steht das Oberziel des Unternehmens – die Steigerung des Unternehmenswertes – mit den drei Werttreibern Rendite, Wachstum und Risiko. Auch die Bereiche Markt/Kunde, Prozesse und Mitarbeiter/Führen/Lernen werden in ihre Schlüsselelemente aufgebrochen und hinsichtlich ihrer Wirkung den primären Werttreibern zugeordnet. Da nicht alle Schlüsselelemente direkt auf die Werttreiber wirken, sondern zum Teil indirekt über andere Schlüsselelemente, entsteht ein mehrdimensionales Kausalnetz. Das Gesamtbild spiegelt damit, getreu dem Motto

»Das Ganze ist mehr als die Summe seiner Teile« (Aristoteles)

das Zusammenspiel Ihrer in der Strategie festgelegten Erfolgsfaktoren (Schlüsselelemente) in Ursache-Wirkungs-Ketten wider.

Damit haben Sie alle zentralen Erfolgsfaktoren Ihres Unternehmens auf einen Blick und in einem Bild zur Verfügung. Die Pfeile zwischen den einzelnen Schlüsselelementen zeigen die kausalen Ursache-Wirkungs-Beziehungen auf. Erst durch diese wird das Cockpit zu einem Gesamtbild zusammengefügt. Kein Schlüsselelement kann für sich alleine stehen; jedes dient entweder dazu, Ursachen zu finden oder Wirkungen anzuzeigen.

Man kann ein Problem niemals auf der Ebene lösen,
auf der es auftritt!

Durch das Kausalnetz wird sehr gut deutlich, was mit der Aussage »Suchen Sie immer nach den Ursachen der Wirkungen« gemeint ist. Natürlich können Sie anhand der Umsatzwachstumsrate erkennen, ob die Wachstumsziele des Unternehmens erreicht wurden. Aber erst wenn Sie die Kausalkette

Abbildung 29: Erfolgsfaktoren

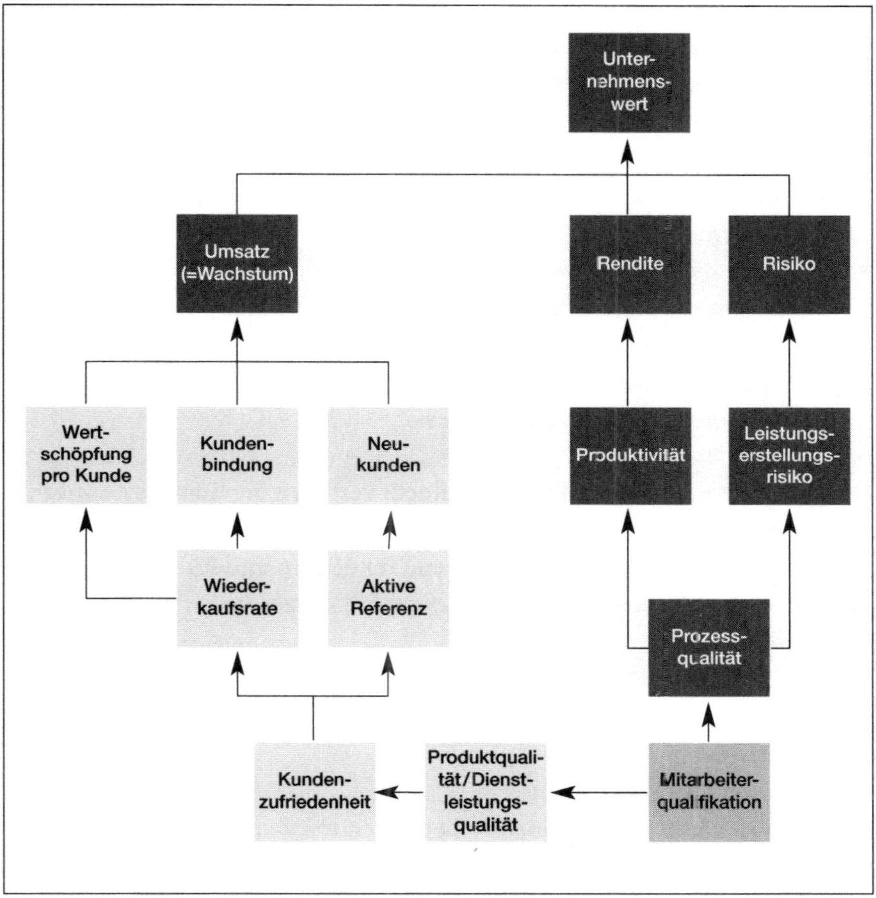

bis zur Mitarbeiterperspektive verfolgen, erkennen Sie, wo die Ursachen dieses Erfolges oder auch Misserfolges liegen. Auf diese Weise werden Sie praktisch gezwungen, im System zu denken und nicht, wie es leider in der Praxis sehr oft passiert, einzelne Elemente zu untersuchen, ohne deren Ursachen zu kennen.

Da Sie beim Aufbau Ihres ersten Unternehmenscockpits noch keine Sicherheit hinsichtlich der Ursache-Wirkungs-Beziehungen zwischen den Schlüsselelementen haben, müssen Sie zwangsläufig Annahmen über diese Zusammenhänge treffen. Es geht in diesem Schritt noch nicht darum, die Stärke der Ursache-Wirkungs-Zusammenhänge quantitativ abzubilden. Sie sollen sich nur ein Bild darüber machen, wie die identifizierten Erfolgsfaktoren zusammenspielen und letztlich in ihrer Gesamtheit den Unternehmenserfolg (Unternehmenswert) erklären.

Sollte das entstandene Bild den Unternehmenserfolg in maßgeblichen Teilen nicht erklären können, so gibt es hierfür drei Ursachen:

- Sie haben eine lückenhafte/nicht stimmige Strategie verabschiedet.
  ➛ Überarbeitung/Feintuning des strategischen Konzeptes, Schließen der Lücken.
- Sie haben die »falschen« Schlüsselelemente identifiziert.
  ➛ Analyse des strategischen Konzepts, Identifikation der relevanten Schlüsselelemente.
- Die Ursache-Wirkungs-Beziehungen stimmen nicht.
  ➛ Überarbeitung des Kausalnetzes.

Durch Ihr visuell dargestelltes Kausalnetz verfügen Sie nun über ein Frühwarnsystem, welches die transparente Betrachtung Ihres Geschäfts ermöglicht. Sie können damit Veränderungen, Tendenzen und Entwicklungen sehen, bevor sich diese in den Finanzkennzahlen abzeichnen.

Kennzahlen

Durch den Aufbau der einzelnen Perspektiven werden die Schlüsselelemente so zugeordnet, dass jedes von ihnen eindeutig durch eine oder mehrere Leistungskennzahlen definiert ist und somit messbar wird. Bedenken Sie:

Was man nicht messen kann, kann man nicht managen!

Alles für den Erfolg Wichtige, was in Ihrem Unternehmen geschieht, von der Produktentwicklung über die Werbung bis zur Weiterbildung der Mitarbeiter, muss im Cockpit in einen messbaren Zusammenhang zum Unternehmenswert gebracht werden können.

Intelligent ausgewählte Leistungskennzahlen zeichnen sich dabei durch fünf Merkmale aus: Sie lassen sich eindeutigen Zielen zuordnen, signalisieren allein durch ihren Namen ihre genaue Bedeutung, erklären das Schlüsselelement unmissverständlich, sind Teil einer ganzheitlichen Sichtweise auf Ihr Unternehmen und lassen sich zu vertretbaren Kosten erzeugen.

Perspektive Markt/Kunde: Das Oberziel dieser Perspektive besteht darin, den richtigen Kunden zu finden und langfristig zu binden. Damit ist es Ihre Aufgabe, solche Faktoren greifbar zu machen und beeinflussbar abzubilden, die den Absatzerfolg (= Umsatz) des Unternehmens auf der Marktseite erklären und begründen.

Die geläufigste Form, den Umsatz darzustellen, ist die Formel »Menge x Preis«. Da jeder Umsatz jedoch letztlich vom Kunden getätigt wird, ist es sinnvoll, den Umsatz pro Kunde durch die Wertschöpfung pro Kunde abzubilden. Dadurch bereinigen Sie die Umsatzschwankungen, die durch Veränderungen des Preisgefüges verursacht werden. Umsatzschwankungen, die aufgrund von Schwankungen der Materialpreise zustande kommen, beschreiben nicht den Werttreiber »Wachstum« im Sinne einer wertorientierten Unternehmensführung.

Die Wertschöpfung Ihres Unternehmens berechnet sich demnach aus der Anzahl der Kunden, also aus der Summe der Bestands- und Neukunden, multipliziert mit der durchschnittlichen Wertschöpfung pro Kunde. Anhand dieser Darstellung können Sie auch Ihre strategische Vertriebssteuerung aufbauen. Aus dem dargestellten Zusammenhang ergeben sich für die Perspektive Markt/Kunde drei dominierende Elemente, die Sie beeinflussen können:

1. Bestandskundenbindung
2. Neukundengewinnung
3. Wertschöpfung pro Kunde

Alle anderen Kennzahlen dieser Perspektive wie zum Beispiel »Kundenzufriedenheitsindex«, »Kundenreklamationsquote«, »Anzahl aktiver Referenzen«, »Werbeerfolgsquote« sind Subgrößen, die sich letztlich in der »Kundenbindungsquote«, der »Anzahl der Neukunden« und/oder der »durchschnittlichen Wertschöpfung pro Kunde« auswirken.

Kennzahlenentwicklung der Perspektive Prozesse: Ein Unternehmen muss Wettbewerbsvorteile aufbauen, um langfristig erfolgreich am Markt agieren zu können. Deshalb lautet auch in dieser Perspektive die zentrale Frage, wie Sie auf der Prozessseite bei der gesamten Leistungserstellung Wettbewerbsvorteile generieren können. Ihr Unternehmen hat hierbei vier Möglichkeiten, durch optimierte Prozesse Wettbewerbsvorteile aufzubauen und diese im Markt sichtbar zu machen:

4. Kosten/Produktivität
5. Zeit
6. Qualität
7. Individualität

Beispiel: Umsatzplanung eines Unternehmens

Ausgangssituation am 31.12.2004: Das Unternehmen aus der Automobilzulieferbranche hat 2004 einen Umsatz von 13 Millionen Euro mit 65 Kunden erwirtschaftet. Dadurch ergibt sich ein durchschnittlicher Umsatz pro Kunde von 200 Tausend Euro (= 13 Millionen Euro / 65 Kunden).
In den vergangenen Jahren konnte beobachtet werden, dass die Kundenbindung (Anzahl Kunden aus t-1/Anzahl der Kunden, die in t wiederkaufen) bei circa 65 Prozent liegt. Der technische Vertrieb des Unternehmens benötigte in den letzten Jahren durchschnittlich drei qualifizierte Neukundenkontakte, um einen neuen Kunden zu akquirieren. Dies entspricht einer Akquisitionserfolgsquote von 33 Prozent.

Planung für 2006: Damit die Ziele des Unternehmens mit der vorhandenen Struktur erreicht werden können, strebt das Unternehmen 2005 einen Umsatz von 14,2 Millionen Euro an. Aufgrund eines breiteren Leistungsspektrums geht das Unternehmen davon aus, dass 2006 der Umsatz pro Kunde um circa 10 Tausend Euro auf 210 Tausend Euro erhöht werden kann. Außerdem soll das neue CRM-System die Kundenbindung von 65 Prozent auf 70 Prozent erhöhen. Weitere Maßnahmen im Vertrieb finden nicht statt, sodass auch in 2006 mit einer Akquisitionserfolgsquote von 33 Prozent gerechnet werden kann. So stellt sich die Frage, wie viele Neukundenkontakte das Unternehmen herstellen muss, damit das für 2005 angestrebte Umsatzziel erreicht werden kann. Legt man diesem Ziel unsere Umsatzformel zugrunde, ergibt sich folgender Zusammenhang:

Umsatz = (Kundenbindung Kunden_{2004} + Neukundenkontakte **x** Aquisitionserfolgsquote) **x** Umsatz pro Kunde

14,2 Mio. € = (0,7 **x** 65 **+** Neukundenkontakte **x** 0,35) **x** 210 T. €

Löst man diese Formel nach dem Faktor »Neukundenkontakte« auf, gelangt man zu folgendem Ergebnis:

$$\text{Neukundenkontakt} = \frac{\dfrac{14{,}2\ \text{Mio. €}}{210\ \text{T. €}} - 0{,}7 \times 65}{0{,}33} = \mathbf{67}$$

Das bedeutet, dass der technische Vertrieb 67 qualifizierte Neukundenkontakte generieren muss, damit die Umsatzzielsetzung des Unternehmens erreicht werden kann. In der bestehenden Struktur des Unternehmens kann der technische Vertrieb (der nur aus einem Mitarbeiter besteht) aber maximal 40 qualifizierte Neukundenkontakte generieren. Somit war bereits bei der Planung deutlich, dass mit der bestehenden Struktur die Umsatzziele des Unternehmens nicht erreicht werden können. Allerdings hat unser Beispielunternehmen verschiedene Hebel, um den Umsatz zu beeinflussen:

- durchschnittlicher Umsatz pro Kunde,
- Kundenbindungsquote,
- Anzahl der Neukundenkontakte,
- Akquisitionserfolgsquote.

Die Aufgabenstellung für unser Unternehmen liegt somit darin, Maßnahmen zu ergreifen, damit der geplante Umsatz erreicht werden kann, zum Beispiel:

- Einstellung eines neuen Vertriebsmitarbeiters => Anzahl der Neukundenkontakte erhöhen.
- Schulung des Vertriebsmitarbeiters => Verbesserung der Akquisitionserfolgsquote.
- Verbesserung der Betreuung der Bestandskunden => Kundenbindungsquote erhöhen.
- Bessere Darstellung des Leistungsspektrums => Erhöhung der durchschnittlichen Wertschöpfung pro Kunde.

Eine andere Möglichkeit besteht in der Anpassung der Umsatzplanung an die wirklichen Gegebenheiten, um dann im zweiten Schritt die interne Struktur entsprechend anzupassen.

Durch die *Kosten*-Fokussierung Ihrer internen Prozesse sparen Sie Ihrem Kunden Geld, indem Sie Ihren Kostenvorteil über den Preis zumindest zum Teil an den Kunden weitergeben. Kostenführer stellen ihre Prozesse extrem effizient auf. Gemeint ist hier die Senkung der Kosten durch wirtschaftlichere Prozessdurchführung. So müssen Sie Kennzahlen definieren, durch die Sie Ihre potenziellen Kosten frühzeitig identifizieren können, wie zum Beispiel »Maschinenauslastung«, »Ausschussquote« oder »Prozesskostenquoten«.

Durch die Ausrichtung Ihrer internen Prozesse auf den Schwerpunkt *Zeit* schaffen Sie es, schnell auf Kundenwünsche zu reagieren. Sie verschaffen Ihrem Unternehmen einen relativen Wettbewerbsvorteil, indem Sie Ihre Prozesse effektiv gestalten. Sinnvolle Kennzahlen sind somit beispielsweise »interne Durchlaufzeiten« oder die »Zeit vom Auftragseingang bis zur Auslieferung«.

Die Ausrichtung Ihrer Prozesse auf den Fokus *Qualität* spiegelt sich in Wettbewerbsvorteilen wie Zuverlässigkeit oder Qualitätsführerschaft wider. Nach unserem Verständnis ist der Qualitätsmaßstab allein der Kunde. Qualität bedeutet die Erfüllung von Kundenerwartungen. Das Maß für Qualität ist die Kundenbindungsquote. Etwas flapsig könnte man sagen:

Qualität ist erfüllt, wenn der Kunde zurückkommt
und nicht das Produkt!

Als Qualitätsführer verfügen Sie durch Ihre Prozesse (zum Beispiel auch über die Steuerung des Innovationsprozesses) über wirkliche Vorteile auf der Produktseite. Kennzahlen, die maßgeblich die Prozessqualität beschreiben, sind zum Beispiel »Anzahl der Kundenreklamationen« oder »Anzahl beziehungsweise Umsatz der Produktinnovationen«.

Die *Individualität* kann durch den Leitsatz beschrieben werden: »Intern standardisieren, extern differenzieren.« Sie schaffen es trotz einer hohen internen Standardisierung auf der Prozessseite, dem Kunden das Gefühl der Individualität zu vermitteln. Das bedeutet, Sie können individuelle Kundenwünsche in einem (hoch-) standardisierten Fertigungsprozess erfüllen. Voraussetzung hierfür ist in der Regel ein standardisierter Grundkern des Produktes, der die Individualität durch Anpassung an der Oberfläche erreicht. Kennzahlen hierfür wären zum Beispiel »Standardisierungsgrad Produkt A« oder die »Anzahl individueller Lösungen mit geringen Anpassungskosten«.

Es ist notwendig, dass Sie auf allen Feldern die nötigen »Mindeststandards« erfüllen. So sind kostengünstige Prozesse nur so lange zielführend, solange das damit erzielte Qualitätsniveau aus Kundensicht akzeptabel ist. Demgegenüber erzeugen die besten Prozesse keinen positiven Beitrag zum Unternehmenswert, wenn Sie Ihre Produkte/Leistungen nicht in der vereinbarten Zeit an den Kunden liefern können. Da die vier Dimensionen jedoch konkurrierende Ziele darstellen, müssen Sie sich bewusst für einen Schwerpunkt entscheiden.

Kennzahlenentwicklung der Perspektive Mitarbeiter/Führen/Lernen: Die entscheidenden Faktoren bei Mitarbeitern sind die drei Dimensionen

8. Leistungsfähigkeit
9. Leistungsbereitschaft
10. Leistungsbedingungen.

Christine Handl, von der *Handl Tyrol GmbH*, legt besonderen Wert auf die Komponente »Mitarbeiter«. Ihrer Erfahrung nach gilt folgender Grundsatz:

> *»Mitarbeiter sind wie das Marketing, das ist genauso zu pflegen wie eine Marke, und dafür muss man Geld in die Hand nehmen.«*

Um die höchste Leistung zu erzielen, müssen die optimalen Rahmenbedingungen vorherrschen. Die *Leistungsfähigkeit* beschreibt die Kompetenz und Qualifikation, dass Ihre Mitarbeiter die im beruflichen Alltag gestellten Aufgaben strategiekonform und erfolgreich ausführen können. Bei der *Leistungsbereitschaft* oder auch Motivation wird die Einstellung und Bereitschaft Ihrer Mannschaft beschrieben, die geforderten Aufgaben auch ausführen zu wollen.

> *»Jedes Unternehmen lebt von der Eigeninitiative seiner Mitarbeiter!«*,

weiß Volkmar Wywiol aus eigener Erfahrung. Unter den *Leistungsbedingungen* sind die physischen Systeme und Arbeitsbedingungen, die dem Mitarbeiter zur Ausübung seiner Tätigkeiten von Ihnen zur Verfügung gestellt werden, zu verstehen. Kennzahlen, welche mit geringem Aufwand erhoben werden können und Aufschluss über die Mitarbeiterperspektive geben, sind zum Beispiel »Weiterbildungsquote«, »Gesundheitsquote«, »Mitarbeiterloyalitätsquote« oder »Anzahl der Verbesserungsvorschläge pro Mitarbeiter«.

Natürlich können die direkten Ursache-Wirkungs-Zusammenhänge der Mitarbeiterebene mit Wirkung auf den Unternehmenswert nur qualitativ abgeleitet werden. Die Wirkung einer durchgeführten Schulungsmaßnahme auf den Unternehmenswert ist quantitativ nicht abbildbar. Trotzdem sind richtig qualifizierte und motivierte Mitarbeiter ein großer Hebel, um den Unternehmenswert nachhaltig zu steigern.

Kennzahlenentwicklung der Perspektive Finanzen: In der Perspektive Finanzen werden die Wirkungen der Maßnahmen in der Perspektive Mitarbeiter/Lernen, Markt/Kunde und Prozesse auf die Werttreiber

11. Rendite
12. Wachstum
13. Risiko

dargestellt. Es gilt, Kennzahlen zu finden, die den wirtschaftlichen Erfolg des Unternehmens aussagekräftig dokumentieren und gleichzeitig das von den Banken durchgeführte Rating abbilden.

Als Spitzenkennzahl eines wertorientierten Ansatzes steht im Bereich *Rendite* die Verzinsung des eingesetzten Kapitals im Mittelpunkt. Aus dieser Kennzahl lassen sich nach dem DuPont-Schema weitere Finanzkennzahlen wie zum Beispiel »Umsatzrendite« oder »Return on Investment« ableiten und in einen direkten mathematischen Zusammenhang bringen.

Das *Wachstum* wird in der Finanzperspektive über die Entwicklung des Umsatzes oder des Rohertrags beschrieben. Messgrößen sind beispielsweise die »Marktanteilsentwicklung« oder das »Umsatzwachstum pro Geschäftsfeld«.

Die *Risikoperspektive* gewinnt in Deutschland, gerade unter dem durch Basel II ausgelösten Bankendruck, immer stärker an Bedeutung. Das zwangsweise Ausscheiden eines Unternehmens aus dem Markt kann nur durch Illiquidität und/oder Überschuldung stattfinden. In der Risikoperspektive sollten daher unbedingt Kennzahlen erhoben werden, die diese Entwicklung abbilden. So ist zum Beispiel die Eigenkapitalquote Indikator dafür, ob ein Unternehmen einen Verlust tragen kann, ohne dass sofort der Überschuldungstatbestand eintritt. Die »Liquiditätsreichweite« und die »Cash-Flow-Marge« andererseits sind Kennzahlen, die die Liquiditätssituation des Unternehmens beschreiben.

Bei der Ableitung der Kennzahlen ist darauf zu achten, dass ihre Anzahl nicht zu groß wird. Dem Motto »Qualität statt Quantität« folgend, sollten fünf bis zehn Kennzahlen pro Perspektive ausreichen. Sie können relativ leicht überprüfen, ob Sie sich auf die richtigen, das heißt strategie- und erfolgsrelevanten Messgrößen festgelegt haben. Nur wenn sich ein plausibler, messbarer Zusammenhang zum Unternehmenswert herstellen lässt, gehört die Kennzahl ins Cockpit. Auf diese Weise schaffen Sie für Ihr Unternehmen auf verblüffend einfache Weise eine Strategie-Landkarte, die die Grundlage für Ihre gesamte Unternehmenssteuerung darstellt. Sie können damit Veränderungen, Tendenzen und Entwicklungen sehen, bevor sich diese in Finanzkennzahlen abzeichnen. Je besser Ihnen die Erstellung der Strategie-Landkarte gelingt, desto leichter können Sie daraus konkrete Handlungsanweisungen ableiten.

Operationalisierung des Cockpits

Die Operationalisierung des Cockpits bietet einen detaillierten und kompletten Überblick über den Fortschritt der Strategie und fungiert darüber hinaus als Frühwarnsystem. Ziel ist es, Kennzahlen zu definieren, Zielwerte festzulegen und Maßnahmen abzuleiten, die eine Quantifizierung und damit Kontrolle der Ursache-Wirkungs-Zusammenhänge ermöglichen. Dazu gehören zwingend die folgenden Punkte:

- Genaue Definition der Kennzahlen
- Definieren von Zielen
- Festlegen von Ist- und Sollgrößen
- Vergleiche mit (den) Vorjahr(en)
- Kontrolle der Abweichungen zum Soll
- Kontrolle der Abweichungen zu (den)Vorjahr(en)
- Ableitung der Ampelfarbe aus dem Zielerreichungsgrad (grün, gelb, rot)
- Festlegen von Kennzahlenverantwortlichen
- Definieren von strategischen Maßnahmen zur Erreichung der gesetzten Ziele
- Festlegen von Maßnahmenverantwortlichen mit Terminen

Die Operationalisierung erfolgt in einem Abstand von ein bis drei Monaten nach Aufbau der Perspektiven. In diesem Zeitraum sind die vorhandenen Daten im Unternehmen zu erheben und daraus die definierten Kennzahlen zu berechnen (Ist-Wert), denn:

Wer nicht weiß, wo er steht, wird kaum einen Weg zum Ziel finden.

Zu den im Einzelnen verwendeten Maßgrößen sind konkrete Soll- beziehungweise Zielgrößen vorzugeben und im Cockpit auszuweisen.

Ziele bestimmen unseren Erfolg.

Erhebliche Unterschiede zwischen den angestrebten Soll-Werten und den tatsächlichen Ist-Werten einer Kennzahl verdeutlichen immer strategischen Handlungsbedarf. In welche Richtung sich die Kennzahl entwickelt, wird durch ein Ampelsystem visuell verdeutlicht. Steht die Ampel auf grün, stimmen Soll- und Ist-Werte miteinander überein, rot hingegen signalisiert akuten Handlungsbedarf. Eine gelb hinterlegte Kennzahl ist hingegen, nach dem Motto

»Jedes große Problem war einmal klein«

ein Warnsignal und fordert umgehende Aktivitäten. Das Ampelsystem bildet damit die Basis für eine Diskussion der Ergebnisse und der einzuleitenden Maßnahmen. Das unterstreicht den kommunikativen Charakter des Unternehmenscockpits.

Für jede Kennzahl wird ein Erhebungszeitraum festgelegt, in dem die Kennzahl mit den aktuellen Daten gefüllt wird. Dieser liegt, je nach Kennzahl und Erhebungsaufwand, zwischen einem Monat (zum Beispiel EBIT-Berechnung) und zwei Jahren (zum Beispiel zur Erhebung der Kundenzufriedenheit). Ein Kennzahlenverantwortlicher sorgt dafür, dass die Kennzahl zum vereinbarten Termin erhoben, in das Unternehmenscockpit eingepflegt und an die Geschäftsführung kommuniziert wird. Wie Sie sehen können, ist das Unternehmenscockpit weit mehr als ein reines Mess- oder Controllingsystem. Hier die Vorteile im Überblick:

Das Unternehmenscockpit

- erhöht die Transparenz im Unternehmen.
- stellt sicher, dass jeder in Ihrem Unternehmen die Strategie kennt.
- ist bereits während der Aufbauphase ein Motivations- und Kommunikationsinstrument, das durch seine ganzheitliche Sichtweise Ressortegoismen und Abteilungsdenken sprengen kann.
- hilft, sich auf das Wesentliche zu konzentrieren und dadurch Zeit zu sparen.
- befähigt, Faktoren zu identifizieren, die nicht wie angestrebt eintreffen.
- übersetzt die Strategie ins operative Geschäft.

- leitet konkrete Maßnahmen mit strategischer Relevanz ab.
- ist ein Führungsinstrument, da es jeden Ihrer Mitarbeiter aktiv in die Strategie einbindet und die zur Erreichung der Vision benötigten Kompetenzen sichtbar macht.

Wie wichtig gerade die ganzheitliche Sichtweise für den Erfolg von Unternehmen ist, weiß Komm.-Rat Karl Handl von der *Handl Tyrol*:

> *»Erfolgreich kann man nur sein, wenn man ganzheitlich denkt und handelt.«*

Und dabei kann Sie das Cockpit unterstützen.

Stolpersteine in der Cockpit-Entwicklung

Damit Ihr Cockpit jedoch die oben genannten Vorteile verkörpern kann, gilt es, folgende Stolpersteine zu überwinden beziehungsweise von vorneherein zu erkennen und zu vermeiden:

Stolperstein 1: Falsche Erwartungen

Viele Unternehmen gehen mit falschen Erwartungen an die Entwicklung des Cockpits heran. Der weit verbreitete Glaube, dass sich ein Cockpit nebenbei mitentwickeln ließe, ist leider ein großer Irrtum. Nur weil es einfach und übersichtlich aufgebaut ist, heißt das noch lange nicht, dass die Entwicklung keinen großen Aufwand darstellt. Ganz im Gegenteil. Was am Ende so einfach und gut verständlich ist, fordert am Anfang eine extrem genaue und sorgfältige Arbeit. Nehmen Sie sich daher genügend Zeit für den Aufbau des Cockpits. Investieren Sie lieber einen Tag mehr in die Diskussion, ob es sich um die richtige Kennzahl handelt, wie die Kennzahl definiert werden soll und wo Sie die Informationen herbekommen. Und »opfern« Sie, wenn es sein muss, gleich noch einen Tag mehr, wenn es darum geht, die Ursache-Wirkungs-Ketten logisch nachvollziehbar zu erarbeiten und sprachlich präzise zu formulieren. Die Entwicklung eines Cockpits ist keine Kreativarbeit, sondern eine schweißtreibende Detailarbeit. Nur so kann Ihr Cockpit funktionieren. Glauben Sie mir: Halbherzige Vorbereitungen führen zu halbherzigen Ergebnissen, und das bedeutet das Aus für Ihr Cockpit, noch bevor Sie damit abheben konnten.

Stolperstein 2: Unzureichende Umsetzung durch das Führungsteam

Der Erfolg Ihres Cockpits hängt in hohem Maße davon ab, ob die obersten Führungskräfte des Unternehmens hinter dem Projekt stehen. Nur wenn die Geschäftsführung die Entwicklung und Einführung des Cockpits unterstützt, wird es die Akzeptanz im Unternehmen bekommen, die erforderlich ist, um das Cockpit nachhaltig zu implementieren. Ihr Ziel muss es sein, Ihren Führungskräften den Nutzen des Cockpits nahe zu bringen und jegliche Widerstände abzubauen. Sie, als Führungsmannschaft, müssen an einem Strang ziehen. Wenn Ihnen das nicht gelingt, sehe ich schwarz für Ihr Cockpit.

Stolperstein 3: Übertriebener Perfektionismus

Erwarten Sie nicht, dass Ihr Cockpit gleich zu Beginn perfekt sein wird. Gerade am Anfang werden Sie feststellen, dass Sie noch viel an Ihrem Strategieinstrument feilen müssen. Vielleicht müssen Sie Ihre Ursache-Wirkungs-Zusammenhänge noch einmal überarbeiten oder in Ihrer Operationalisierungstabelle sind noch Lücken, weil Sie zum Teil noch keine Soll- oder sogar Ist-Größen haben oder weil Ihnen ganz einfach die Daten zur Erhebung noch fehlen. Übertriebener Perfektionismus bringt Sie jedoch an dieser Stelle nicht weiter. Starten Sie mit der ersten noch unperfekten Fassung. Sie werden sehen, im Laufe der Zeit und vor allem mit zunehmender Erfahrung im Umgang mit dem Cockpit wird es immer feiner und genauer. Ein Cockpit ist sozusagen ein lernendes System, das mit zunehmender Anwendung immer intelligenter wird. Es kann Ihnen natürlich auch passieren, dass Sie nach einem Jahr feststellen, dass Sie Kennzahlen austauschen müssen, um effektivere Ergebnisse zu erhalten. Das ist nicht ungewöhnlich, wie gesagt, Ihr System lernt durch Ihre Erfahrung und wird immer besser.

Stolperstein 4: Unvollständige Strategie

Eine der wichtigsten Voraussetzung für den Erfolg des Cockpits ist das Bestehen einer klar fixierten Strategie. Vergessen Sie nicht: Das Cockpit ist ein Umsetzungstool für die Strategie. Nur wenn aus Ihrer Strategie hervorgeht, welche Kernkompetenzen das Unternehmen hat und braucht, welche Wettbewerbsvorteile und Geschäftsfelder es belegt und belegen wird, wie seine Wertschöpfungskette in Zukunft aussieht und wie seine Werttreiber Wachstum, Rendite und Risiko belegt sind, wird die Ableitung eines Cockpits möglich sein.

Die Praxis sieht leider oft anders aus. Häufig wird die Strategie nur unvollständig ausgearbeitet. Diese Mängel kommen bei der Entwicklung des Cockpits mit Sicherheit ans Licht, denn ohne vollständige Strategie lässt sich das Cockpit nicht erstellen. Die Folge sind unzählige Strategiemeetings und endlose Diskussionen. Verstehen Sie mich bitte nicht falsch, es ist gut und richtig, über die Strategie zu diskutieren oder sie auch in Frage zu stellen. Sie sparen sich jedoch viel Zeit und Ressourcen, wenn dies vor der Entwicklung des Cockpits geschieht.

Stolperstein 5: Quantität statt Qualität

Weniger ist mehr. Beschränken Sie sich in Ihrem Cockpit am Anfang auf maximal 30 bis 35 Kennzahlen. Eigentlich ist das schon zu viel. Ideal sind 20 bis 25 Kennzahlen. Es liegt jedoch in der Natur der Sache, dass Sie am Anfang zu viele Kennzahlen haben, da Unternehmen in der Startphase gerne die eine oder andere Zahl noch mitnehmen, weil sie hart erarbeitet wurde oder weil man nicht darauf verzichten möchte. Im Laufe der Zeit reduziert sich diese Anzahl meist von alleine auf das Idealmaß. Sollten Sie jedoch langfristig mit mehr Kennzahlen arbeiten, werden Sie sehen, dass die Komplexität stark zunimmt, die Übersichtlichkeit schwindet und Ihre Strategie nicht mehr klar im Cockpit darstellbar ist. Ihr Cockpit ist dann zum Scheitern verurteilt.

Implementierung durch Software

Zur Visualisierung und Implementierung Ihres Cockpits gibt es zahlreiche Möglichkeiten, die sich im Leistungsumfang stark unterscheiden. Die hierfür am Markt angebotenen Lösungen reichen von der einfachen »Kennzahlenliste« über die von Vorsystemen unabhängige »Einzellösung« bis hin zum »integrierten System« mit Schnittstellen zu den entsprechenden Vorsystemen.

1. Kennzahlenliste: Die wohl einfachste Möglichkeit, das Cockpit zu implementieren, ist mit Sicherheit eine Kennzahlenliste (zum Beispiel mit *Microsoft Excel*). Der klare Vorteil dieser Methode ist, dass weder nennenswerte Investitionen noch Zeitaufwand für Schulungen et cetera erforderlich sind. Dem gegenüber steht jedoch eine Reihe von Nachteilen. Eine echte Visualisierung mit einem Kausalnetz ist nicht oder nur mit sehr großem Aufwand möglich, Änderungen werden fehleranfällig und erfordern viel Handarbeit, eine echte Struktur lässt sich nicht hinterlegen. Daher muss immer ein Mitarbeiter zuständig für die gesamte Liste sein – oder alle beteiligten Mitarbeiter erhalten automatisch Zugriff auf alle vorhandenen Daten. Folglich handelt es sich zwar um eine sehr einfache, in der Praxis jedoch keinesfalls empfehlenswerte Option.

2. Einzellösung: Als Einstieg empfiehlt sich eine so genannte Einzellösung. Bei dieser Methode arbeitet die Software unabhängig, das heißt ohne Schnittstellen, von bestehenden Vorsystemen. Die Lösung wird direkt webbasiert angeboten – die Bedienung erfolgt in diesem Fall online. Eine Installation ist dafür nicht erforderlich. Diese Lösung bildet Ihnen automatisch das Kausalnetz Ihres Cockpits ab und verschafft sofort einen guten Überblick über den aktuellen Stand der Dinge. Mit Hilfe solcher Systeme haben Sie die Möglichkeit, jederzeit sowohl im Ganzen als auch im Detail den aktuellen Stand der Kennzahlen Ihres Cockpits inklusive Verlauf abzurufen. Jeder Mitarbeiter hat den Überblick über seine eigenen Kennzahlen und die Mitglieder der Geschäftsleitung erhalten einen Gesamtüberblick.

Der Nachteil dieser Lösung besteht darin, dass die Daten von Hand eingegeben werden müssen. Da jeder Kennzahlenverantwortliche seine Ergebnisse (circa zehn Werte pro Mitarbeiter und Monat) selbst erfasst, hält sich der erforderliche Zeitaufwand hierfür jedoch in Grenzen. Die Problematik möglicher Fehleingaben durch das Übertragen der Ergebnisse aus den Vorsystemen per Hand bleibt jedoch bestehen.

Fazit: Gerade für den Einstieg eignet sich eine solche Lösung hervorragend, da sie mit wenig Aufwand schnell Ergebnisse liefert – ein direkter Start der Arbeit am Cockpit ist also machbar.

3. Integriertes System: Um das Problem der Erfassung per Hand bei den Einzellösungen zu lösen, bedarf es Schnittstellen zu den entsprechenden Vorsystemen (zum Beispiel Warenwirtschaft, Rechnungswesen). Sofern sich die Software zur Abbildung Ihres Cockpits quasi nahtlos in die bestehende Umgebung einfügt, spricht man von einem integrierten System. Dieses besitzt, über die sehr kurzfristige Realisierbarkeit hinaus, alle Vorteile eines Einzelsystems, ohne den Nachteil der ausschließlichen Erfassung per Hand. Für die Implementierung eines integrierten Systems Ihres Unternehmenscockpits sollten Sie etwa zwei bis drei Monate, abhängig von Größe des Unternehmens und Komplexität der bestehenden Strukturen, einplanen.

Um sich mit der Methodik vertraut zu machen, bietet es sich grundsätzlich an, zunächst mit einer Einzellösung zu starten und im Anschluss daran optional auf ein integriertes System umzusteigen, welches den individuellen Anforderungen entspricht.

Aktives Arbeiten mit dem Cockpit

Soll Ihr Unternehmenscockpit nachhaltig erfolgreich sein, dürfen Sie nicht den Fehler machen, den abgeschlossenen Aufbau als ein einmaliges »Jetzt-haben-wir-ein-Unternehmenscockpit-Ereignis« zu betrachten. Vielmehr müssen Sie neben der ständigen Pflege der Kennzahlen mindestens einmal im Jahr Ihre Unternehmensstrategie auf den Prüfstand stellen und gegebenenfalls an veränderte Rahmenbedingungen anpassen. Dementsprechend müssen Sie sich fragen: Bildet das Cockpit Ihre aktuelle Strategie noch ab? Folgende Tipps sollen Ihnen helfen, das Cockpit im ganzen Unternehmen zum Leben zu erwecken.

Tipp 1: Die Einsetzung eines Cockpits setzt einen permanenten Kontrollprozess voraus. Führen Sie daher gerade am Anfang regelmäßig spezielle

»Cockpitmeetings« durch, in denen Sie die Kennzahlen des Cockpits überprüfen, Lücken schließen, Maßnahmen diskutieren und den Umsetzungsprozess überprüfen. Nur wenn Ihr Cockpit reibungslos funktioniert, kann es zum alltäglichen strategischen Instrument werden.

Tipp 2: Kommunizieren Sie den Einsatz Ihres Unternehmenscockpits auch extern. Wenn Sie Außenstehende von der Kompetenz Ihres Unternehmens überzeugen können, wird man Ihnen sehr viel mehr Vertrauen bei außerplanmäßigen Entwicklungen entgegenbringen.

Tipp 3: Legen Sie klare Verantwortlichkeiten für das Cockpit und seine gewünschte Umsetzung im Unternehmen fest. Dazu benötigen Sie den vollen Rückhalt Ihrer Führungskräfte. Deren Aufgabe ist es, für den Einsatz des Cockpits zu sorgen. Indem Sie klar festlegen, wer für welchen Teil des Cockpits zuständig ist, können Sie vermeiden, dass Ihre Führungskräfte Verantwortlichkeiten von sich weisen. Gerade in Zeiten eher schlechter Ergebnisse neigen Führungskräfte dazu, das Cockpit einschlafen zu lassen, um sich »wichtigeren« Aufgaben zu widmen. Dabei ist das Cockpit gerade in diesen Zeiten von elementarer Bedeutung, da es Ihnen die Ursachen der schlechteren Ergebnisse erklären können muss.

Tipp 4: Greifen Sie bei allen Strategie- und Managemententscheidungen auf Ihr Cockpit zurück. Bedeutsame Entscheidungen lassen sich sehr viel einfacher treffen, wenn Ihnen ein unterstützendes Instrument zur Verfügung steht. Außerdem kann Ihr Cockpit seine volle Wirkung nur dann entfalten, wenn Sie es konsequent einsetzen. Sie haben so viel Mühe auf die Erstellung verwendet, lassen Sie es jetzt nicht verrosten.

Tipp 5: Kontrollieren Sie Ihr Cockpit regelmäßig auf Richtigkeit hin. Weder die Strategie noch das Cockpit sind Dogmen. Ändert sich Ihre Strategie, kann es auch sein, dass sich Kausalketten oder Kennzahlen in Ihrem Cockpit ändern. Passen Sie es daher nach jedem Meeting an oder prüfen Sie, ob eine Anpassung notwendig wird.

Nur, wenn die Geschäftsführung die Entwicklung und Einführung des Cockpits unterstützt, wird das Cockpit die Akzeptanz im Unternehmen bekommen, die erforderlich ist, um es nachhaltig zu implementieren und erfolgreich einzusetzen. Katharina Geutebrück, von der Geutebrück GmbH folgt dem Prinzip: »Ich fordere nichts von meinen Mitarbeitern, das ich nicht auch selbst bereit bin zu geben. Denn nur, wenn ich selbst meine Erfahrungen vorlebe, werden andere diese akzeptieren und ihnen folgen.«

Nur wenn es Ihnen gelingt, das Cockpit zum Bestandteil des gewohnten Alltags zu machen, kann sich das gesamte Potenzial dieses Instruments entfalten. Sehen Sie das Unternehmenscockpit nicht als Kontrollinstrument, sondern verankern Sie es als Lern-, Motivations- und Kommunikationssystem in den Köpfen Ihrer Mitarbeiter.

Zusammenfassung

Das Unternehmenscockpit ist ein strategisches Steuerungssystem, das Ihrem Unternehmen hilft, Strategie und Vision systematisch zu konkretisieren, wirkungsvoll in Aktionen zu überführen und so in die Organisation zu »tragen«.

Ein Unternehmenscockpit formuliert Ziele, macht diese messbar, operationalisiert sie durch strategische Maßnahmen und beeinflusst somit das Verhalten Ihrer Mitarbeiter. Je besser es diese Ziele zum Ausdruck bringt, desto stärker wird das Verhalten Ihrer gesamten Organisation in Richtung Ihrer Vision und Strategie gelenkt.

Das Unternehmenscockpit liefert Ihnen als Manager ein genaues und aktuelles Bild der Vorgänge in Ihrem Unternehmen und vermittelt somit einen aussagekräftigen Überblick über den Zustand Ihrer Unternehmung – im Idealfall auf nur einer einzigen Seite.

Absender

Name / Vorname

Firma / Institution

Abteilung

Straße

PLZ / Ort

Wenn Sie regelmäßig unseren Newsletter erhalten möchten, nennen Sie uns hier bitte Ihre E-mail-Adresse.

Bitte freimachen falls Marke zur Hand

Antwort

Campus Verlag GmbH

Kurfürstenstraße 49

D-60486 Frankfurt am Main

Kapitel 8

Die richtige Umsetzung der Strategie

In diesem Kapitel werden folgende Themen behandelt:

- Drei Bereiche der Strategieumsetzung
- Teamkompetenzmodell
- Kulturkompatibilität einer Strategie
- Kaskadenhafte Verantwortungszuteilung

Die Strategie bildet keine Ausnahme, wenn festgestellt wird: »Es gibt nichts Gutes, außer man tut es!« Erst die tatsächliche, nachhaltige Implementierung und Verankerung kann den Unternehmenserfolg bewirken. Nach den Fragen »Wohin geht der Weg?« und »Wie steuert man den Weg?« geht es jetzt um die Beantwortung der Frage »Wie gehen wir den Weg? Wie setzen wir die notwendigen grundlegenden Veränderungen im Unternehmen um?« Die nachhaltige Implementierung der Strategie gehört mit zu den schwierigsten Aufgaben eines Unternehmers.

Leider scheitern fast alle Strategien deshalb an genau diesem Punkt. Die meisten der so aufwändig erarbeiteten Maßnahmen versickern im Sand und werden niemals realisiert. Ein wichtiger Grund hierfür ist, dass neben der fehlenden Konsequenz die wenigsten Führungskräfte sich über das »Wie« einer Maßnahme hinaus konkrete Schritte überlegen.

»Das Was bedenke wohl,
doch mehr bedenk' das Wie!« (Goethe)

In dieser Stufe geht es daher um die konkrete und richtige Implementierung und Verankerung der festgelegten Strategie.

Warum scheitern Strategien?

Jede neue oder auch nur veränderte strategische Ausrichtung hat Konsequenzen für Mitarbeiter, Organisationsstruktur, Prozesse et cetera. Jede Veränderung löst aber auch Unsicherheit aus und steht im Widerspruch zum Wunsch der Menschen nach Stabilität. Die Sicherheit der vertrauten Gegenwart wird nur ungern zugunsten einer unbekannten Zukunft aufgegeben.

»Wer Neuerungen einführen will, hat alle zu Feinden, die aus der alten Ordnung Nutzen ziehen, und hat nur lasche Verteidiger an all denen, die von der neuen Ordnung Vorteile hätten.« (Niccolò Machiavelli)

Die Qualität der Umsetzung bestimmt daher, in welchem Maße und wie schnell das »Strategiepapier« in Ergebnisse übersetzt werden kann. Schließlich gilt:

Ideen müssen Taten folgen, denn Veränderungen können nur durch konsequentes Handeln erfolgen.

Es gib jedoch viele Gründe, warum Strategien scheitern. Ich habe Ihnen im Folgenden die häufigsten aufgeführt:

- Handwerkliche Fehler in der Projektorganisation und im Strategiecontrolling: Das Tagesgeschäft gewinnt Oberhand.
- Die Strategie fließt nicht in die Finanzplanung und Ressourcenzuteilung ein: Zum Beispiel werden Budgets nicht aus den strategischen Zielen abgeleitet.
- Die Strategie wird nicht mit den Zielvorgaben der Mitarbeiter verknüpft: Beurteilungs- und Anreizsysteme werden an kurzfristige Finanzziele und nicht an strategische Ziele geknüpft.
- Die Strategie wird zu starr umgesetzt und geht nach Veränderungen bei Markt und Wettbewerb an der Realität vorbei; Mitarbeiter resignieren und geben bei der Umsetzung auf.
- Mitarbeiter kennen oder verstehen die Strategie nicht oder können sich nicht mit ihr identifizieren (kein Bezug zwischen Strategie und eigener Arbeit: »Für-mich-ändert-sich-nichts-Syndrom«)
- Die Strategie bleibt im »Unverbindlichen« und es ist nicht klar, was umzusetzen ist: Ziele sind zu pauschal und daher nicht richtungweisend; fehlende Systematik bei der Überführung auf die Handlungsebene.
- Die Führungskräfte sind sich nicht einig, welches die Erfolgsfaktoren

und Spielregeln des Geschäftes sind und sein werden (unterschiedliche »mentale Modelle«): Das führt zu faulen Kompromissen, die nicht von allen getragen und nur halbherzig umgesetzt werden.

Damit die von Ihnen so aufwändig erarbeitete Strategie auch effizient und nachhaltig implementiert werden kann und nicht an den oben genannten Punkten scheitert, sollten Sie für sich und Ihr Unternehmen die sechs folgenden Fragen bejahen können:

1. Kennen Mitarbeiter und Führungskräfte die neue Strategie? Wird sie von allen verstanden und als Leitidee für ihr Handeln im Sinne der Unternehmensziele akzeptiert? Peter Oeschger, CEO der *OPO Oeschger AG*, weiß aus eigener Erfahrung:

   »Beim Vergleich einer Firma mit einem Boot gilt es Folgendes zu beachten: Egal ob Ruderboot, Segeljacht oder Ozeandampfer – alle, die Hand anlegen und alle, die mitdenken, müssen wissen, wohin die Reise geht.«

2. Werden die Mitarbeiter den neuen Veränderungen gerecht? Welche Veränderungen sind erforderlich? Erfolgreiche Umsetzung der strategischen Ziele hängt in hohem Maße von den Fähigkeiten Ihrer Mitarbeiter ab.

3. Kennen die Mitarbeiter ihre persönliche Aufgabe und ist die Art und Weise klar, wie sie zukünftig mit Kollegen zusammenarbeiten werden?

4. Ist jeder einzelne Mitarbeiter motiviert, dass er in seiner jeweiligen Position und in Teamwork mit den anderen die Realisierung der Strategie in seinem Aufgabenbereich mit Nachdruck vorantreibt?

5. Werden die wichtigsten Werttreibergrößen, die entscheidend für die Umsetzung der Strategie sind, klar herausgearbeitet, in standardisierter Form ermittelt und systematisch überwacht und gesteuert?

6. Wird sichergestellt, dass die das Tagesgeschäft überlagernden, meist bereichsübergreifenden Umsetzungsprojekte und -maßnahmen abgearbeitet werden?

Die Umsetzung einer Strategie war erst dann erfolgreich, wenn die Führungskräfte und Mitarbeiter im Tagesgeschäft ihr Verhalten anpassen und im Sinne der neuen Strategie handeln. Wenn es Ihnen nicht gelingt, die neue Strategie im Unternehmen zu verankern, bleibt die Strategieentwicklung eine Spielerei, an die Sie jede Menge Zeit und Ressourcen vergeudet haben.

Drei Bereiche der Strategieumsetzung

Im Laufe der Zeit haben sich drei konkrete Bereiche herauskristallisiert, die bei der Strategieumsetzung berücksichtigt werden müssen:

- Unternehmenskultur
- Umsetzungskompetenz
- Entwicklung und Training

Die *Kulturkompatibilität* der entwickelten Strategie ist ein entscheidender Faktor für die nachhaltige Implementierung. Meist gehen neue Strategien mit veränderten Werten, Leitbildern, einem neuen Führungsstil, neuen Ritualen et cetera einher. Die strategische Neuausrichtung des Unternehmens führt also zur Schaffung einer völlig neuen Kultur. Da sich die Unternehmenskultur in der Regel jedoch nur sehr schwer und langsam verändern lässt, wird sie meist zum Engpassfaktor der Strategieimplementierung. Aufgabe der Unternehmensspitze ist es daher, dieses Spannungsfeld optimal zu managen und die Kluft zwischen Vision und Realität nicht zu groß werden zu lassen. Bei der Umsetzung der Strategie ist auf ein ausgewogenes Tempo zu achten. Niemals darf zu viel, zu schnell, zu wenig oder zu langsam eingeführt werden. Ansonsten baut sich bei den Mitarbeitern eine ablehnende Haltung auf, die nur sehr schwer wieder abgebaut werden kann.

Selbstverständlich müssen im Unternehmen auch die erforderlichen *Umsetzungskompetenzen*, in Bezug auf Akzeptanz und Kenntnis der Strategie, Organisation und Struktur, Mitarbeiter und Systeme, vorhanden sein. Für die tatsächliche Umsetzung der Unternehmensstrategie genügt es nicht, dass Ihre Führungsmannschaft die Strategie und das Cockpit kennt. Letzten Endes werden alle Arbeiten und Maßnahmen im Unternehmen von den Mitarbeitern eines Unternehmens durchgeführt. Damit die Umsetzung nicht an deren Widerständen scheitert, muss es Ihnen gelingen, die strategischen Unternehmensziele und Maßnahmen so zu kommunizieren, dass der Sinn und die Wirksamkeit des Systems auch auf der Mitarbeiterebene sichtbar und spürbar werden. Für die konkrete Umsetzung bedeutet dies, dass Sie Ihre Unternehmensstrategie und das Cockpit bis auf die kleinste Einheit im Unternehmen herunterbrechen müssen. Hier ist folgende Vorgehensweise empfehlenswert: Jeder erforderlichen Maßnahme zur Umsetzung der Unternehmensstrategie haben Sie einen Kennzahlenverantwortlichen aus Ihrem Führungsteam zugeordnet. Es ist nun die Aufgabe der jeweiligen Führungskraft, in ihrem jeweiligen Bereich die Strategie und das Cockpit zu kommunizieren und gemeinsam mit der Abteilung folgende Fragen zu erarbeiten:

- Was bedeutet die Strategie des Hauses für unseren Bereich?
- Wie können wir die erforderlichen Maßnahmen effizient umsetzen?

Dazu gehört auch, für jeden einzelnen Mitarbeiter klar zu verankern, welchen Beitrag er zur effizienten Umsetzung der Unternehmensstrategie leisten kann.

Auch die *Organisation* muss strategiekonform strukturiert sein. Das bedeutet, dass einfache und klare Verantwortungsbereiche geschaffen werden müssen sowie ein durchgehender, schnittstellenfreier Informationsfluss und die Ausrichtung an geschäftsspezifischen Engpässen stattfinden muss. In der Regel liegt dieser Engpass in den Kundenbeziehungen. Strukturen zu verändern bedeutet dabei jedoch nicht nur, neue Organigramme zu zeichnen, sondern die Regeln zu verändern, die eine Umsetzung der Strategie verhindern.

Haupterfolgsfaktor für die nachhaltige Implementierung der Strategie ist die *Benennung und die Prüfung*, ob die Stelleninhaber den zukünftigen Anforderungen gerecht werden beziehungsweise welche Veränderungen erforderlich sind. Die höchste Priorität hat dabei die Besetzung der Führungsstellen im Unternehmen. Deren Aufgabe ist es, die ihnen unterstellten Mitarbeiter auf die neue Strategie einzuschwören und die Abteilung im Sinne der strategischen Ausrichtung zu strukturieren. Die zweitwichtigste Gruppe sind dann die Mitarbeiter in den Schlüsselbereichen, die die angestrebten Kernkompetenzen des Unternehmens umsetzen müssen. Ein geeignetes Instrument, die Fähigkeiten der Mitarbeiter im Sinne der Unternehmensstrategie zu fördern, findet sich im Teamkompetenzmodell.

Strategien sind keine Selbstläufer. Sie brauchen daher *Instrumente und Systeme*, die Sie bei der Implementierung unterstützten, wie zum Beispiel

Abbildung 30: Das Würth-Management-System (in Anlehnung an: *Venohr 2006*)

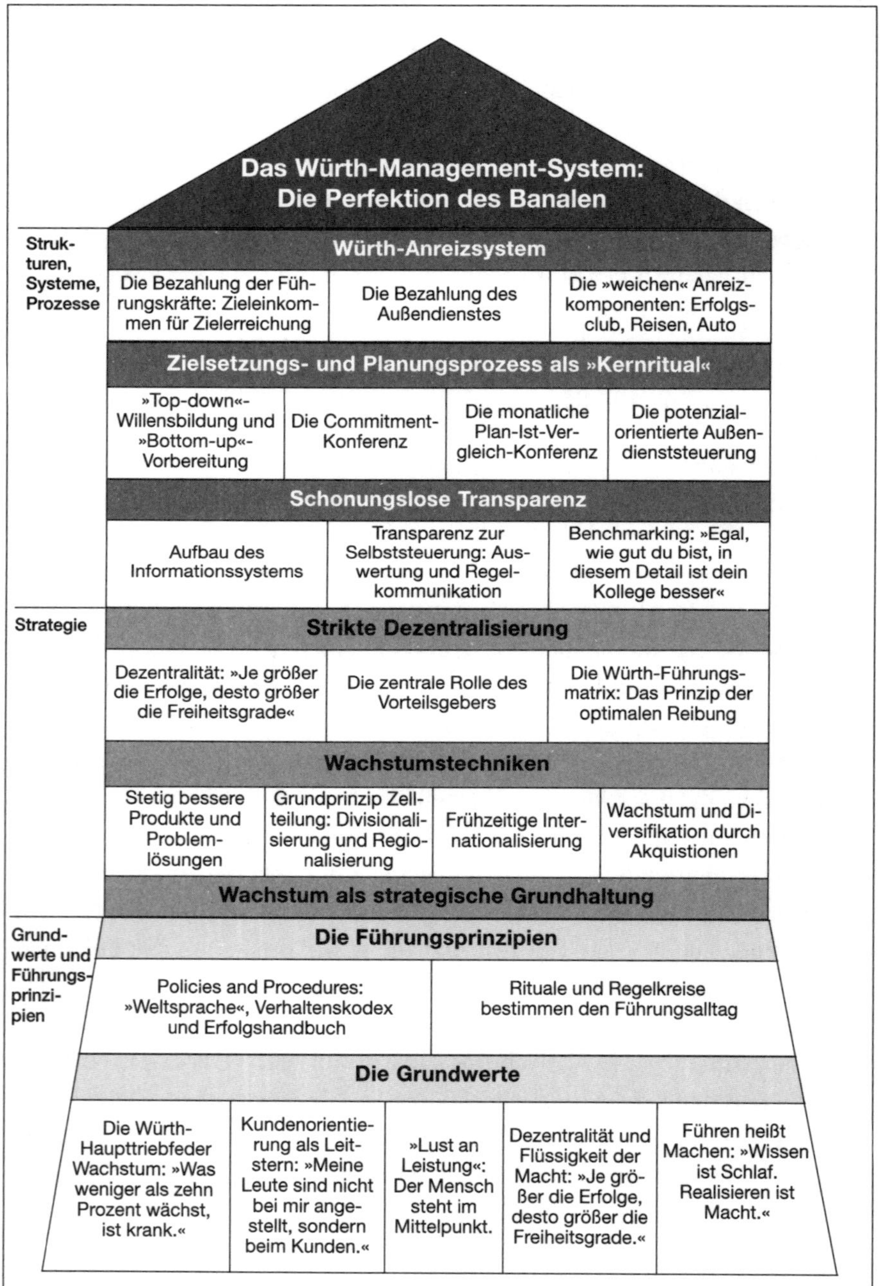

Managementplanungssysteme, IT, PM, Finanzsysteme, leistungsorientierte Bezahlung, Anreizsystemen und selbstverständlich auch das Unternehmenscockpit.

Natürlich ist auch *die Entwicklung und das Durchführen von Trainings* ein entscheidender Bereich für die nachhaltige Implementierung der Strategie. Insbesondere die Themen Führungskompetenz, Change Management, Coaching, Potenzialanalyse und -entwicklung, Kommunikation, Arbeitsmethodik, Weiterbildungskonzepte und der Aufbau einer internen Weiterbildungsakademie fallen in diesen Bereich. Erst wenn das ganze Unternehmen im Sinne der neuen Strategie entwickelt und trainiert wird, kann sichergestellt werden, dass eine nachhaltige Implementierung im Unternehmen erfolgt.

Über ein effizientes Instrument zur Umsetzung und nachhaltigen Implementierung von Strategien verfügt die *Adolf Würth GmbH & Co. KG* aus Künzelsau-Gaisbach, ein international tätiges Unternehmen im Bereich Befestigungs- und Montagematerial. Das System ist so aufgebaut, wie es in Abbildung 30 gezeigt wird.

In Abbildung 30 wird deutlich, dass die Umsetzung strategischer Ziele eine zentrale Rolle innerhalb des Würth-Management-Systems bekommt. Eine wichtige Funktion haben hierbei Unternehmensrituale, also immer wieder vorkommende Prozesse. Hierzu zählt die jährliche Commitment-Konferenz ebenso wie der monatliche Plan-Ist-Vergleich (PIV) auf den entsprechenden PIV-Konferenzen. Bei diesen Treffen werden die jeweiligen strategischen Ziele formuliert und proklamiert beziehungsweise wird deren Erreichung überprüft. Jeder Außendienstler führt mit seinem Vorgesetzten monatlich ein Gespräch dazu, wie er seine Ziele erreicht beziehungsweise warum er sie nicht erreicht oder übererfüllt hat. Diese Rituale, die der Umsetzung und Implementierung der Strategie gelten, sind ein Beispiel dafür, warum das Würth-Management-System insgesamt als »Perfektion des Banalen« bezeichnet werden kann.

Darüber hinaus ist noch die Komponente Entwicklung und Training von Führungskräften und Mitarbeitern notwendig. Insgesamt beinhaltet das System jedoch alle Faktoren, die die Umsetzung der Strategie möglich machen. Hier zeigt sich die kaskadenhafte Verantwortungszurechnung.

Teamkompetenzmodell

Die zielgerichtete Entwicklung der Mitarbeiter im Sinne der Unternehmensstrategie ist einer der Haupterfolgsfaktoren für die nachhaltige Implementierung der Strategie. Im Folgenden bekommen Sie ein Instrument an die Hand, das Sie dabei unterstützt, die Mitarbeiterkompetenzen strategiekonform zu gestalten. In Ihrer Unternehmensstrategie haben Sie festgelegt, welche Kompetenzen in Ihrem Unternehmen benötigt werden, damit Sie die Anforderungen der Zukunft bewältigen können. Wie wir wissen, entstehen Kernkompetenzen häufig aus der Verbindung von technisch hochwertigem, möglicherweise patentgeschütztem Wissen sowie den besonderen Fähigkeiten und Erfahrungen einer eingespielten Gruppe von Mitarbeitern des Unternehmens. Wenn Sie diesem Gedanken folgen, hängt die erfolgreiche Umsetzung der strategischen Ziele in hohem Maße von den Fähigkeiten Ihrer Mitarbeiter ab, oder wie Bruno Lammers von der *Saertex Wagener GmbH & Co. KG* diesen Zusammenhang umschreibt:

»Ein Unternehmen ist so gut wie seine Mitarbeiter.«

Sie brauchen also ein Modell, das Sie dabei unterstützt, die Fähigkeiten und Erfahrungen der einzelnen Teams optimal auszubauen. Ein praktikables Instrument in diesem Zusammenhang ist das Teamkompetenzmodell, das Ihnen dabei hilft, aus den Kernkompetenzen und den strategischen Zielen des Unternehmens konkrete Pläne für die gezielte Weiterentwicklung der einzelnen Teams abzuleiten. Dabei werden die angestrebten Kernkompetenzen des Unternehmens zunächst auf die einzelnen Abteilungen heruntergebrochen. Die Frage ist: Welche Kompetenzen benötigt die Abteilung heute und zukünftig, um die verabschiedete Strategie optimal umsetzen zu können? Ausschlaggebend sind fachliche, methodische und soziale Kompetenzen. Nach der Erfassung der relevanten Kompetenzfelder nimmt jeder Mitarbeiter der Gruppe eine Selbsteinschätzung – vielleicht auch unter Einbeziehung einer Führungskraft – vor, das heißt er bewertet sein persönliches Kompetenzniveau. Dazu werden die einzelnen Kompetenzen nach drei (oder auch mehr, je nachdem, wie fein das Profil sein soll) Stufen eingeteilt:

1. = geringes Kompetenzniveau
2. = durchschnittliches Kompetenzniveau
3. = überdurchschnittliches Kompetenzniveau

Abbildung 31: Beispielhafte Darstellung des Kompetenzprofils eines Mitarbeiters

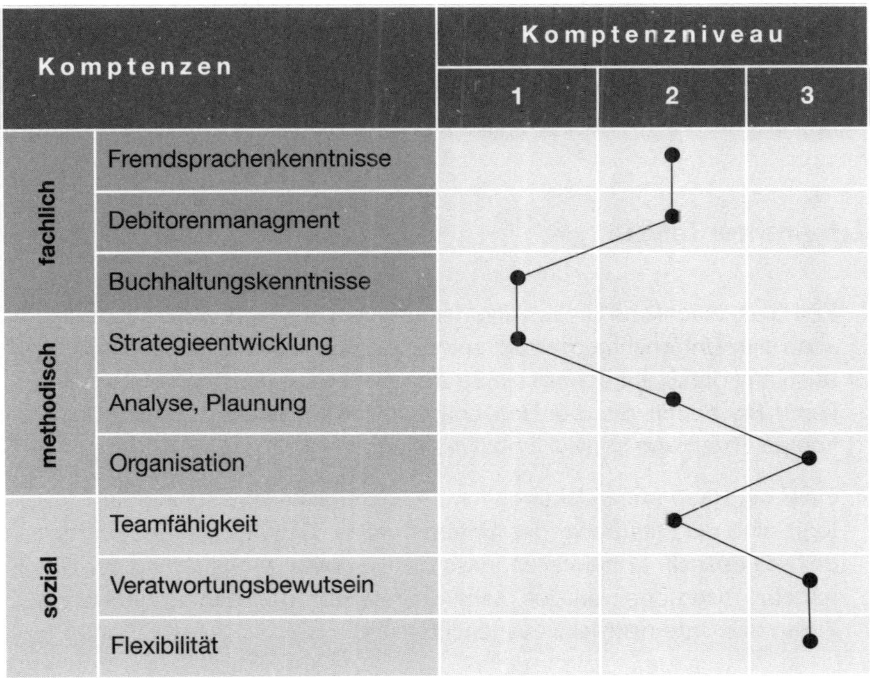

Die Kompetenzmatrix in Abbildung 31 visualisiert diese Überlegungen. Jeder Mitarbeiter sollte in mindestens einem Punkt ein Kompetenzniveau von 3 aufweisen. Indem man die einzelnen Mitarbeiter-Profile übereinander legt, das heißt den Durchschnitt aus den Einzelwerten bildet, erhält man das Ist-Teamkompetenzprofil. Dieses ist idealerweise so aufgebaut, dass sich ein durchschnittlicher Kompetenzwert von mindestens 2 ergibt. Das Modell zeigt damit, jederzeit nachvollziehbar, derzeitige Kompetenzlücken (Ø Kompetenzniveau < 2) oder auch Überqualifikationen (Ø Kompetenzniveau > 2,5). Damit lassen sich strategiekonforme Maßnahmen sowohl für das gesamte Team als auch für den einzelnen Mitarbeiter gezielt steuern. Selbstverständlich ist ein Teamkompetenzmodell kein starres Instrument. Sowohl die erforderlichen Kompetenzen als auch das Kompetenzniveau der Gruppe unterliegen starken Veränderungen und damit auch einem ständigen Anpassungsprozess. Mit dem Teamkompetenzmodell differenzieren wir uns deutlich von der Auffassung: Was kann der Einzelne? Wie kann der einzelne Mitarbeiter optimal gefördert werden? In den Vordergrund rückt die Überlegung: Was kann die Gruppe? Wie kann die Gruppe optimal gefördert werden? Wichtig ist der Slogan:

Wer einzeln arbeitet, addiert. Wer zusammenarbeitet, multipliziert!

Natürlich spielen die Kompetenzen des Einzelnen auch bei dieser Betrachtung eine Rolle, aber eher als Beitrag zur Kompetenz des gesamten Teams!

Zusammenfassung

Erst die tatsächliche Umsetzung der sorgsam ausgearbeiteten Strategie kann den Unternehmenserfolg entwickeln. Die Qualität der Umsetzung bestimmt dabei, wie schnell die Strategie in Ergebnisse übersetzt werden kann. Sie betrifft die drei Bereiche Unternehmenskultur, Umsetzungskompetenzen und Entwicklung & Training.

Einer der Haupterfolgsfaktoren für die erfolgreiche Umsetzung der Strategie sind die Mitarbeiter des Unternehmens. Das Teamkompetenzmodell soll deshalb sicherstellen, dass die Kompetenzentwicklung der Unternehmensgruppen an den Kernkompetenzen und den strategischen Zielen des Unternehmens ausgerichtet wird.

Fazit

Heute ein mittelständisches Unternehmen erfolgreich zu führen gehört wohl zu den schwierigsten Managementaufgaben, die es gibt. Der Druck auf diese Unternehmensspezies hat sich in den letzten Jahren erheblich verstärkt und es steht außer Frage, dass diese Entwicklung auch in Zukunft anhalten wird. Globalisierung, ein sich verschärfender Wettbewerb, die anhaltende wirtschaftliche Stagnation, aber auch Führungsschwächen sind nur eine Auswahl an Ursachen, die jährlich Tausende von Bankrotten verursachen. Gerade die sich aus Basel II ergebenden Konsequenzen, die den Spielraum und die Flexibilität der typischen Mittelständler erheblich einschränken können, werden die schon schwierige Situation noch weiter verschärfen.

Es haben sich zehn Punkte als besonders bemerkenswert herauskristallisiert. Diese benennen wesentliche Erfolgsbereiche mittelständischer Firmen. Erfolgreiche mittelständische Unternehmen ...

1. ... streben in ihrem Markt eine führende Rolle an – sonst nichts. Sie verfolgen das klare Ziel, in ihren Märkten die Nr. Eins zu sein oder zu werden.

2. ... definieren ihre Märkte eng und beziehen dabei Kundenbedürfnis und oft auch Technologie mit ein. Sie sind fokussiert, sowie eher tief als breit. Sie konzentrieren sich auf ihre Kernkompetenzen und vermeiden Ablenkungen.

3. ... kombinieren ihre Spezialisierung in Produkt und Know-how mit starker, professioneller Vermarktung. Sie sind in wichtigen Zielmärkten mit eigenen Tochtergesellschaften präsent und delegieren die Beziehung zum Kunden nicht an Dritte. So erreichen sie trotz ihrer Nischenmärkte »Größendegressionseffekte«.

4. … haben eine hohe Kundennähe – insbesondere zu den Top-Kunden. Die Kundennähe umfasst alle Funktionen und Ebenen. Sie sind hingegen keine Marketing-Profis im Lehrbuchsinn. Sie verkaufen primär über den Wert, nicht über den Preis, ohne jedoch die Kosten zu vernachlässigen. Kundenbefragungen werden häufig zur Chefsache gemacht!

5. … sind innovativ. Innovation heißt für sie Produkt und Prozess. Der Umsatzanteil an »jungen« Produkten und Dienstleistungen ist überdurchschnittlich hoch. Durch kontinuierliche Innovation bleiben sie an der Spitze.

6. … sind gleichzeitig markt- und technologiegetrieben. Sie integrieren – anders als Großunternehmen – Markt und Technik als gleichwertige Antriebskräfte und erreichen damit die Synergie von internen Kompetenzen und externen Marktchancen.

7. … schaffen ausgeprägte Wettbewerbsvorteile bei Produktqualität und Service. Sie sind nahe an ihren besten Wettbewerbern und suchen aktiv die Konkurrenz mit diesen, um ihre Leistung ständig zu steigern.

8. … vertrauen auf ihre eigenen Kräfte. Sie glauben nicht, dass andere ihre Probleme lösen. Um ihr Know-how und ihre Kernkompetenzen zu schützen, misstrauen sie Kooperationen und strategischen Allianzen.

9. … zeichnen sich durch hohe Identifikation und Motivation der Mitarbeiter aus. Sie haben stets »mehr Arbeit als Köpfe«. Sie selektieren im Frühstadium eines Arbeitsverhältnisses scharf; langfristig sind ungewollte Fluktuation und Krankenstand jedoch gering.

10. … leben die Einheit von Person und Aufgabe. Sie führen autoritär in den Grundwerten und partizipativ im Detail. Die Kontinuität in der Führung ist extrem hoch.

Eines ist völlig klar: Die Schwächen von Unternehmen, die in den wachstumsstarken, relativ wettbewerbsarmen Jahren oft unerkannt blieben, werden heute gnadenlos offen gelegt. An die Führung von mittelständischen Unternehmen werden inzwischen wesentlich höhere Anforderungen gestellt. Entscheidungen müssen konsequenter und schneller getroffen und außerdem auch gezielter vorbereitet werden. Denn obwohl strategische Fehlentscheidungen gleichermaßen in Konzernen wie auch in mittelständischen

Unternehmen getroffen werden, sorgt eine unterschiedliche Kapitalausstattung für unterschiedlich starke Konsequenzen. Während die meisten Konzerne über ausreichend finanzielle Mittel verfügen, einen solchen auszubügeln, bedeutet ein strategischer Fehltritt für ein mittelständisches Unternehmen häufig das Aus.

Doch zahlreiche Mittelständler haben es geschafft und schaffen es immer wieder, auch in schwierigen Branchen ungewöhnlich erfolgreich zu sein und mit dem Aufbau einer eigenen florierenden Firmenkonjunktur der schwächelnden Binnenkonjunktur entgegenzutreten. Das Motto all dieser Champions könnte lauten:

Man hört überall, es herrsche eine Krise. Wir haben beschlossen, uns nicht daran zu beteiligen.

Auch die hartgesottensten Macher werden zustimmen, dass eine gute Praxis ein solides theoretisches und wissenschaftlich abgesichertes Fundament braucht.

Danksagung

Zunächst möchte ich mich bei all denen bedanken, die das Erscheinen dieses Buches möglich gemacht haben. An erster Stelle steht hier meine Frau Lisa, die sowohl mit ihren inhaltlichen Beiträgen als auch mit ihrer persönlichen Unterstützung einen entscheidenden Anteil hat. Bedanken möchte ich mich bei meinen Partnern Jill Schmelcher, Prof. Dr. Peter May, Tobias Augsten, Gerold Rieder, Michael Mandat und Dr. Bernd Venohr, von denen ich viel gelernt habe und deren Wissen implizit und explizit in dieses Buch eingeflossen ist. Mein besonderer Dank gilt meiner Kollegin Irena Baumgartner, mit der ich jedes Detail dieses Buches ausgearbeitet habe. Und ein dickes Dankeschön geht an all die Unternehmer, die wir nun fast 20 Jahre begleiten durften und von denen wir so viel gelernt haben. Stellvertretend für alle Unternehmer gilt mein Dank meinem Freund und Kunden Siegfried Zwick von der Firma *Maico* aus Südtirol, unserem ersten großen Kunden – und einem der besten Unternehmen der Welt!

Dank zu sagen stellt einen Wert dar, der in unserer Zeit vielleicht ein bisschen zu kurz kommt. Unser Dank gilt all den »ver-rückten« Unternehmern, die uns mit ihren außergewöhnlichen Ideen und Erfolgen Mut machen. Wer mich kennt, weiß, dass ich ein tiefer Optimist bin. Mein Glas war immer halb voll, nie halb leer. Und geben uns die Erkenntnisse der Evolution nicht allen Anlass zur Hoffnung? Das Leben ist verschwenderisch in seinen Formen, aber sparsam in seinen Prinzipien. Was wir von den erfolgreichen Unternehmern (und der Evolution) lernen können, sind wenige, aber wirksame Prinzipien.

Natürlich gibt es viele Probleme zu lösen, aber ist dies nicht auch die größte Chance? »Alles Leben ist Probleme lösen«, schrieb der Philosoph Karl Popper. Neue Ideen finden natürlich immer wieder Menschen, die darin etwas Schlechtes sehen. Doch ich denke, wir leben in einer herrlichen Zeit, in der »besten aller Welten«. Wenn wir unsere Welt verbessern wollen, müssen wir den Mut aufbringen, ungewöhnliche Ideen in die Tat umzusetzen. Nur dann wird sich zeigen, was eine Idee, ein neues Geschäftsmodell wert ist.

Und das ist letztendlich das Wunderbare an den Erfolgsgeschichten, die ich Ihnen zeigen durfte:

- Es waren immer Ideen, die die Welt verändert haben.
- Nur die Umsetzung zählt.
- Es gibt immer neue Chancen.

Es liegt an uns, mit unseren Ideen und Taten dem Reichtum der Welt ein Stück hinzuzufügen. Mehr können wir nicht an Beitrag leisten. Danke an all jene, die an dieser Aufgabe mitarbeiten.

Ihr
Arnold Weissman

Literatur

Brandes, Dieter: *Die 11 Geheimnisse des Aldi-Erfolgs*, Campus Verlag, Frankfurt am Main 2003

Buckingham, Marcus; Coffman, Curt: *Erfolgreiche Führung gegen alle Regeln: Wie Sie wertvolle Mitarbeiter gewinnen, halten und fördern*, 2. Aufl., Campus Verlag, Frankfurt am Main 2005

Buzzell, Robert; Gale Bradley: *Das PIMS-Programm*, Gabler Verlag, Wiesbaden 1987

Collins, Jim: *Der Weg zu den Besten: Die sieben Management-Prinzipien für dauerhaften Unternehmenserfolg*, dtv Verlag, München 2003

Copeland, Tom; Koller, Tim; Murrin, Jack: *Unternehmenswert*, 2. Aufl., Campus Verlag, Frankfurt am Main 1998

Deltl, Johannes: *Strategische Wettbewerbsbeobachtung: So sind Sie Ihren Konkurrenten laufend einen Schritt voraus*, Gabler Verlag, Wiesbaden 2004

Frankl, Viktor: *Der Mensch auf der Suche nach Sinn*, Tonträger, Vier-Türme-Verlag, Münsterschwarzach 1990

Ghemawat, Pankaj: *Commitment: the Dynamic of Strategy*, Free Press, New York 1991

Gleißner, Werner: *Future Value: 12 Module für eine strategische wertorientierte Unternehmensführung*, Gabler Verlag, Wiesbaden 2004

Gleißner, Werner; *Füser, Karsten: Leitfaden Rating – Basel II: Rating-Strategien für den Mittelstand*, Verlag Vahlen, München 2002

Gleißner, Werner; Weissman, Arnold: *Kursbuch Unternehmenserfolg: 10 Tipps zur nachhaltigen Steigerung des Unternehmenswertes*, Gabal Verlag, Offenbach 2001

Hamel, Gary; Prahalad, C.K: *Wettlauf um die Zukunft*, Überreuter Verlag, Wien 1997

Horvàth & Partner: *»100 x Balanced Scorecard« 2003 – Ergebnisbericht*, 01/2004. Unveröffentlichte Studie

Kaplan, Robert S.; Norton, David P.: *Balanced Scorecard: Strategien erfolgreich umsetzen*, Schäffer-Poeschel Verlag, Stuttgart 1997

Kaplan, Robert S.; Norton, David P.: *Die strategiefokussierte Organisation: Führen mit der Balanced Scorecard*, Schäffer-Poeschel Verlag, Stuttgart 2001

May, Peter: *Lernen von den Champions: Fünf Bausteine für unternehmerischen Erfolg, FAZ-Buchverlag*, Frankfurt am Main 2001

Mewes, Wolfgang: *EKS: Die Energo-Kybernetische Strategie* (Lehrgang), Frankfurt am Main 1976.

Müller-Stewens, Günter; Lechner, Christoph: *Strategisches Management*, Schäffer-Poeschel Verlag, Stuttgart 2001

Murphy, Joseph: *Die Macht Ihres Unterbewusstseins: das Buch der inneren und äußeren Entfaltung*, 64. überarb. Aufl., Hugendubel Verlag, Kreuzlingen 2000

Peters, Tom; Waterman, Robert: *In search of excellence – Lessons from America's best-run companies*, Harper Row, New York 1982

Porter, Michael E.: *Wettbewerbsstrategie: Methoden zur Analyse von Branchen und Konkurrenten*, 10. Auflage, Campus Verlag, Frankfurt am Main 1999

Porter, Michael E.: *Wettbewerbsvorteile: Spitzenleistungen erreichen und behaupten*, 5. Auflage, Campus Verlag, Frankfurt am Main 1999

Riemann, Fritz: *Grundformen der Angst*, Ernst-Reinhardt-Verlag, München 1990

Ries, Al; Trout, Jack: *Positioning: The battle for your mind*, McGraw-Hill, New York 2001

Sawtschenko, Peter: *Positionierung – das erfolgreichste Marketing auf unserem Planeten: Das Praxisbuch für ungewöhnliche Markterfolge*, Gabal Verlag, Offenbach 2005

Schmelcher, Jill: *Die unsichtbare Kraft*, Gabler Verlag, Wiesbaden 2002
Schmelcher, Jill: *Erfolg kommt nicht von ungefähr: In 7 Schritten zur Life Excellence*, Gabler Verlag, Wiesbaden 2003
Simon, Hermann: *Die heimlichen Gewinner (Hidden Champions): Die Erfolgsstrategie unbekannter Weltmarktführer*, 5. Aufl., Campus Verlag, Frankfurt am Main 1998

Thommen John-Paul; Achleitner, Ann-Kristin: *Allgemeine Betriebswirtschaft: Umfassende Einführung aus managementorientierter Sicht*, 2. Aufl., Gabler Verlag, Wiesbaden 1998

Venohr, Bernd: *Wachsen wie Würth, Das Geheimnis des Welterfolgs*, Campus Verlag, Frankfurt am Main 2006

Weissman, Arnold: *Management-Stufen – 5 Stufen zum Erfolg*, Verlag Moderne Industrie, Landsberg/Lech 1994
Weissman, Arnold: *Marketing-Strategie: 10 Stufen zum Erfolg*, 4. Aufl., Verlag Moderne Industrie, Landsberg/Lech 1995
Weissman, Arnold; Feige, Joachim: *Sinnergie: Wendezeit für das Management*, 2. Aufl., Orell Füssli Verlag, Zürich 2000

Register

€ 1,50